Fernando Sabino Fonteque Ribeiro
Ítalo Redondo de Moraes
Clóvis da Costa Mandoline Bento

Prototype de chariot élévateur automobile axé sur l'ergonomie de travail

Fernando Sabino Fonteque Ribeiro
Ítalo Redondo de Moraes
Clóvis da Costa Mandoline Bento

Prototype de chariot élévateur automobile axé sur l'ergonomie de travail

Conception et développement

ScienciaScripts

Imprint

Any brand names and product names mentioned in this book are subject to trademark, brand or patent protection and are trademarks or registered trademarks of their respective holders. The use of brand names, product names, common names, trade names, product descriptions etc. even without a particular marking in this work is in no way to be construed to mean that such names may be regarded as unrestricted in respect of trademark and brand protection legislation and could thus be used by anyone.

Cover image: www.ingimage.com

This book is a translation from the original published under ISBN 978-620-5-50398-0.

Publisher:
Sciencia Scripts
is a trademark of
Dodo Books Indian Ocean Ltd. and OmniScriptum S.R.L publishing group

120 High Road, East Finchley, London, N2 9ED, United Kingdom
Str. Armeneasca 28/1, office 1, Chisinau MD-2012, Republic of Moldova, Europe
Printed at: see last page
ISBN: 978-620-5-65730-0

Fernando Sabino Fonteque Ribeiro
Italo Redondo de Moraes
Clóvis da Costa Mandoline Bento

PROTOTYPE D'UN MONTE-CHARGE AXÉ SUR L'ERGONOMIE DU TRAVAIL

Conception et développement

AUTHORS

Fernando Sabino Fonteque Ribeiro

Diplômé en génie mécanique de l'Université Paulista - UNIP, campus d'Assis - SP (2016) et Master en génie mécanique de l'Université d'État Paulista Júlio de Mesquita Filho FEB/UNESP, campus de Bauru - SP (2019). Il est actuellement doctorant en ingénierie mécanique à l'Universidade Estadual Paulista Júlio de Mesquita Filho FEB/UNESP, campus de Bauru - SP. Travaille comme professeur au centre universitaire des facultés intégrées d'Ourinhos - UNIFIO et comme technicien de laboratoire à l'Institut fédéral du Parana, campus IFPR de Jacarezinho. Il possède une expérience dans le domaine de l'ingénierie mécanique, avec un accent sur les processus de fabrication et la conception mécanique. Développe la recherche en usinage et le développement de prototypes pour le contrôle et l'automatisation.

Italo Redondo de Moraes

Diplômé en ingénierie mécanique de l'UNIP, Universidade Estadual Paulista, ayant réalisé comme travail de fin de cours un véhicule élévateur de cargaison appliqué à des espaces réduits, sous la direction du professeur Felipe Sanches Gurgel, dans l'année 2015.

Clóvis da Costa Mandoline Bento

Diplômé en ingénierie mécanique de l'UNIP, Universidade Estadual Paulista, ayant réalisé comme travail de fin de cours un véhicule élévateur de cargaison appliqué à des espaces réduits, sous la direction du professeur Felipe Sanches Gurgel, dans l'année 2015.

MERCI

Nous remercions tous les partenaires qui nous ont aidés dans l'élaboration de ce travail d'achèvement de cours, en particulier l'entreprise Ourifurgões qui a fourni les matériaux et l'espace. Les auteurs remercient l'UNIP d'avoir accordé un espace pour le développement de ce travail.

Et surtout, les auteurs tiennent à remercier l'Editora Novas Edições Acadêmicas qui a rendu possible la réalisation de cet ouvrage, contribuant ainsi à la diffusion des connaissances scientifiques dans la société.

RÉSUMÉ

Ce travail a pour but de présenter une amélioration pour un type de véhicule cargo dont l'application principale est de l'utiliser dans des espaces réduits, en présentant brièvement les principaux aspects à considérer lors de la conception et de la construction. Il est proposé des améliorations structurelles, l'automatisation des mouvements, la mise en place d'une plateforme auto-réglable, visant une plus grande praticité d'utilisation, l'amélioration de l'ergonomie et de la qualité de vie de l'opérateur.

Mots-clés : plateforme auto-ajustable, traction automatisée, ergonomie

1. INTRODUCTION

Ce n'est pas d'aujourd'hui que l'industrie propose des idées et des solutions pour l'amélioration des processus industriels, que ce soit dans la production effective de produits ou dans la logistique des matières premières et autres. Prenons l'exemple des changements proposés par Henry Ford qui, grâce à des modifications de la planification et de la fabrication dans son usine industrielle, a obtenu des résultats si satisfaisants que le fordisme a fini par s'imposer comme le modèle de développement à suivre par les principaux pays capitalistes développés dans l'après-guerre (MELO, 2008).

Pour tout changement dans la production et la logistique, on observe que le développement de nouveaux équipements devient un point fondamental pour qu'un tel fait se produise. On peut notamment citer les équipements de transport et de levage des charges, qui peuvent être subdivisés, selon Nassar (2011), en véhicules de transport (chariots élévateurs, transpalettes), machines de levage (treuils, ponts roulants) et convoyeurs continus (bandes transporteuses, élévateurs). Il est à noter que ces équipements ont éliminé l'utilisation de la force humaine et animale dans la manipulation des produits finis et des matières premières, permettant ainsi de charger et de transporter de grandes masses en toute sécurité pour l'utilisateur et avec une productivité maximale (NASSAR, 2011).

C'est dans ce contexte de mobilité industrielle et d'ergonomie de l'utilisateur que nous proposons la création d'un prototype de véhicule cargo, destiné à soulever des charges légères (de plus de 20 kg et jusqu'à 100 kg), et ayant une application principalement dans des lieux à espace réduit, en mettant l'accent sur son faible coût, afin d'en permettre largement l'utilisation.

Le chapitre 2 présente les objectifs de ce travail, à la fois généraux et spécifiques. Le chapitre 3 traite de la justification de son développement, en mettant en relation des projets similaires sur le marché avec le prototype à développer. Dans le chapitre 4, les méthodes liées au projet sont présentées, ainsi que les matériaux et équipements utilisés. Le chapitre 5 présente les normes réglementaires applicables au véhicule. Le chapitre 6, présente les résultats obtenus par le prototype et enfin, dans le chapitre 7, une brève conclusion est présentée.

2. OBJECTIFS

Ce travail vise à produire un prototype à faible coût pour le levage de charges dans des espaces réduits, afin de fournir une meilleure condition ergonomique dans l'environnement de travail.

2.1. OBJECTIFS GÉNÉRAUX

L'objectif global du projet est d'améliorer l'ergonomie des employés qui doivent constamment soulever des charges dans l'environnement de travail grâce à un prototype de véhicule de levage de charges contrôlé. Selon Pastore (1995), l'ergonomie au travail se définit comme suit : rendre le système de travail plus productif, diminuer le risque d'accidents du travail et rendre le lieu où le système ergonomique sera implanté dans l'organisation plus agréable pour tous les employés, des employés aux managers.

Le véhicule cargo proposé sera développé pour servir principalement les petites organisations et tout environnement à espace réduit. Comme il s'agit d'un projet de dimensions réduites, il facilitera la manipulation de charges qui, au-delà de 20 kg, deviennent déjà inconfortables et risquées pour la santé de l'employé de l'entreprise (PASTORE, 1995).

2.2. OBJECTIFS SPÉCIFIQUES

Plus précisément, la fonction ergonomique du projet réside dans son fonctionnement, où la plate-forme s'élève à la hauteur de l'objet à charger. Après avoir logé l'objet, l'opérateur du véhicule le guidera vers l'emplacement souhaité au moyen de commandes et en gardant une certaine distance, ce qui réduira considérablement le risque d'accident, en cas de mauvais positionnement de la charge sur la plate-forme. La réduction du coût de fabrication du projet sera l'un des principaux objectifs, afin que son application sur le marché soit viable.

Enfin, avec une plus grande facilité de transport des marchandises dans l'environnement, une plus grande sécurité, un impact financier moindre, il y a une meilleure relation entre l'utilisateur et l'environnement de travail, ce qui augmente la performance, puisqu'un environnement en harmonie tend à avoir des personnes plus satisfaites dans leurs fonctions et donc une plus grande productivité pour l'organisation (PASTORE, 1995). Ainsi, le temps de travail estimé est réduit, ce qui diminue les dépenses en main-d'œuvre.

3. CONTEXTE

Selon Tamasauskas (2000), la réduction des distances parcourues tant par les matières premières que par le produit final est l'un des points clés pour une utilisation optimale du temps de production et peut être réalisée grâce à un système de manutention efficace. Dans les usines automobiles, par exemple, les systèmes de manutention sont très importants car le déplacement rapide et efficace des produits permet de minimiser le temps entre la collecte des matériaux et la réception des recettes provenant de la vente de leurs produits, accélérant ainsi le rendement financier (LANGUI, 2001). Par conséquent, les installations de transport et de manutention sont sélectionnées pour correspondre au flux de matériaux qui représentent le système global de mouvement des matières premières, des produits semi-finis et des produits dans le département ou l'usine (RUDENKO, 1976).

Dans ce contexte, l'interaction entre les êtres humains et les autres éléments d'un système peut être appelée ergonomie, c'est-à-dire la science qui conçoit des moyens d'optimiser le bien-être de l'homme ainsi que la performance globale d'un système (PINTO, 2001). Dans la figure 1, on peut voir l'exécution incorrecte d'un levage de charge.

Figure 1Les travailleurs soulevant une charge de manière incorrecte.

Pour la situation présentée dans Figure 1plusieurs équipements de transport pourraient être utilisés pour minimiser l'impact physique sur l'employé, d'autant plus lorsqu'il s'agit d'un espace pouvant accueillir de plus gros véhicules de transport. Selon Nassar (2011), les véhicules de transport peuvent être classés en deux types, à savoir les véhicules de transport manuel (charrettes et voitures) et les véhicules motorisés (voiture, tracteur et chariot élévateur) qui peuvent être alimentés par l'électricité, le diesel ou le gaz. Les modèles existants les plus simples sont les chariots pour le déplacement manuel de charges, qui se composent essentiellement d'une plate-forme fixe, de quatre roues et d'un support pour le déplacement manuel. Cet équipement est idéal pour la manutention de charges allant généralement jusqu'à 300 kg, comme on peut le voir dans Figure 2 (THERJ, 2015).

Figure 2Chariot à plate-forme pour la manutention manuelle de charges.
SOURCE : (THERJ, 2015).

Contrairement aux chariots manuels à plate-forme fixe, les tables pantographes (Figure 3) sont équipés d'un système hydraulique permettant de soulever la charge, en utilisant un système de ciseaux. Cet équipement est idéal pour déplacer des charges généralement comprises entre 300 kg et 1500 kg (VONDER, 2015).

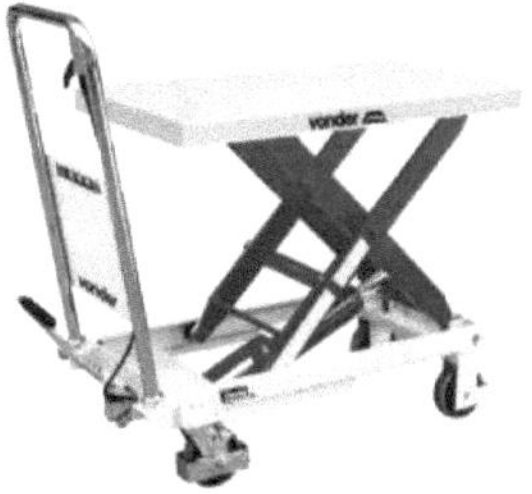

Figure 3Table pantographique pour le levage de charges. SOURCE : (VONDER, 2015).

Pour le levage des charges, des treuils hydrauliques sont également utilisés (Figure 4). Ces équipements peuvent supporter jusqu'à 2000 kg et soulever la charge au moyen de sangles et de chaînes de levage. Des culbutes et des accidents avec ce type d'équipement peuvent se produire en raison de la déficience qu'il présente pour sa locomotion avec des charges.

Figure 4Treuil hydraulique. SOURCE : (CADMAQUINAS,2015).

L'un des équipements de manutention de charge les plus couramment utilisés dans les processus d'entreposage est le transpalette (Figure 5). Cet équipement est conçu pour déplacer des charges palettisées et permet des manœuvres avec moins d'effort pour le levage et une plus grande productivité. Il existe également sur le marché des modèles dont la traction est assurée par des moteurs électriques. Cet équipement est idéal pour le déplacement horizontal de charges allant généralement jusqu'à 2500 kg (VONDER, 2015).

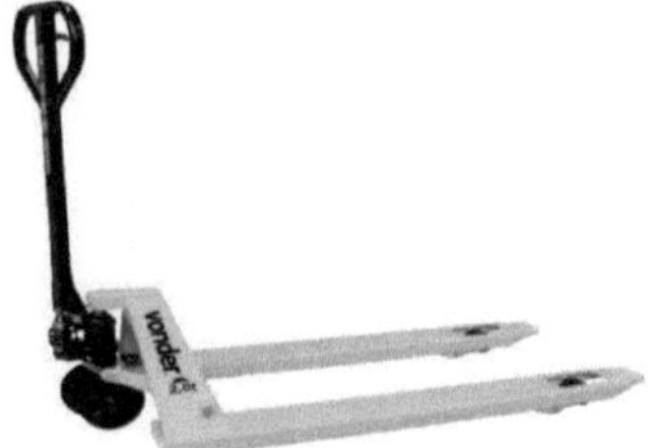

Figure 5Transpalette manuel. SOURCE : (VONDER, 2015).

Pour les charges supérieures à 2500 kg, les chariots élévateurs à fourche s'imposent comme le véhicule idéal pour le transport de charges (Figure 6). Appliqués au chargement et au déchargement, ils nécessitent un espace considérable pour effectuer les manœuvres. Leur capacité de levage de charge est généralement de 7000 kg (BMC HYUNDAY S/A, 2015).

Figure 6 : Chariot élévateur à fourche motorisé. SOURCE : (BMC

On constate que les véhicules présentés répondent de manière satisfaisante à l'usage pour lequel ils ont été conçus. Cependant, il est vérifié, d'autre part, que la plupart de ces véhicules ont besoin d'un grand espace de locomotion en raison de leurs dimensions et de leur capacité de manœuvre.

Cependant, il existe des situations dans lesquelles des charges de masse considérable, ergonomiquement irréalisables pour un transport manuel, se trouvent dans des espaces réduits, ne permettant pas l'utilisation des équipements traditionnels de levage de charges.

La Consolidation des lois du travail (CLT), en vigueur depuis 1943, (décret-loi n° 5.452, 1943) détermine dans son article 198 : "le poids maximum qu'un employé peut porter individuellement est de 60 kg (soixante kilogrammes), sous réserve des dispositions spéciales relatives au travail des mineurs et des femmes" (BRASIL, 1943). Le fait est que la norme brésilienne est bien supérieure aux normes internationales. Selon le North American *National Institute for* Occupational Safety *and Health* (NIOSH, 1993), la charge maximale pouvant être portée manuellement et dans les meilleures conditions possibles (sans torsion, postures incorrectes et répétitions limitées) est de 23 kg (NIOSH, 1993).

Cependant, le transport de charges peu ergonomiques dans des espaces réduits nécessite un équipement de transport adapté aux espaces dans lesquels se trouvent les charges. Les véhicules capables de soulever la charge sont idéaux. Il s'agit de tables pantographiques, comme illustré à la figure 03 et à la figure 07. Les variantes que l'on trouve sur le marché sont généralement manuelles. Voici quelques caractéristiques des nacelles à ciseaux que l'on trouve sur le marché.

- Table pantographe manuelle : Plusieurs marques et capacités de charge sont disponibles, allant généralement de 300 à 1500 Kg (Figure 7) et disposent d'un système de levage par cylindre hydraulique à commande manuelle. Ce type de table pantographe est le plus courant sur le marché. Les principales données sur ces modèles sont présentées dans les tableaux suivants Tableau 1 Tableau 2.

Figure 7Table pantographique manuelle. SOURCE : (MECHANIC'S SHOP, 2015).

Tableau 1Données générales pour table pantographique manuelle 300Kg. SOURCE : (MECHANIC'S SHOP, 2015).

Table pantographe Bonevau ME 300	
Longueur maximale	1020 mm
Longueur de la table	815 mm
Largeur	500 mm
Hauteur minimale de la table	290 mm
Hauteur maximale de la table	900 mm
Charge maximale	300 Kg
Prix moyen	R$ 1630,00
Date de la consultation	06/10/2015

Tableau 2Données générales pour table pantographique manuelle 1500Kg. SOURCE : (MECHANIC'S SHOP, 2015).

Table pantographe Bonevau ME 1500	
Longueur maximale	1430 mm
Longueur de la table	1220 mm
Largeur	610 mm
Hauteur minimale de la table	420 mm
Hauteur maximale de la table	1025 mm
Charge maximale	1500 Kg
Prix moyen	R$ 2600,00

Date de la consultation   06/10/2015

- <u>Table pantographe avec unité hydraulique :</u> L'automatisation du mouvement de levage de la plate-forme est un point avantageux de cet équipement. Cela réduit le risque d'accident et l'effort physique nécessaire à l'opération. Doté d'une unité hydraulique comme moyen de levage des charges, ce système se caractérise par son coût élevé. A Figure 8 montre un modèle trouvé sur le marché et le tableau 03 montre ses données techniques.

Figure 8Table pantographique avec unité hydraulique de 200kg. SOURCE : (MAQUINASFRANCA,2015).

Tableau 3Données générales de l'unité hydraulique de la table pantographique 200kg. SOURCE : (MAQUINASFRANCA,2015).

Table pantographe France MEHRG - 200	
Longueur maximale	1000 mm
Longueur de la table	1000 mm
Largeur	530 mm
Hauteur minimale de la table	300 mm
Hauteur maximale de la table	1450 mm
Charge maximale	200 Kg
Prix moyen	R$ 12100,00
Date de la consultation	06/10/2015

La valeur finale de ces équipements à mouvements automatisés est due au coût élevé des systèmes hydrauliques. Il est donc possible de remplacer le système hydraulique par un autre système qui permet le levage et l'abaissement automatisés de la table et qui est en même temps suffisamment compact pour être applicable à un véhicule destiné à être utilisé dans des espaces confinés.

La solution proposée serait l'application d'un système électromécanique, qui fonctionne au moyen d'un moteur électrique et effectue le mouvement au moyen d'une broche. Commercialement, un système présentant ces caractéristiques peut être associé à un cric de voiture électrique (Figure 9). Dans un budget étudié auprès des fournisseurs de systèmes hydrauliques, une mini unité hydraulique (Figure 10) compatible avec le projet donné coûterait en moyenne 3000 R$, tandis que le cric électrique a un coût moyen de 220 R$.

Figure 9Vérin électrique. SOURCE : (MULTILASER,2015).

Figure 10: Mini unité hydraulique. SOURCE : (ECO HYDRAULICS, 2015).

Par conséquent, la proposition finale est la conception et la fabrication d'un prototype de véhicule pour lever des charges jusqu'à 100 kg, applicable à des espaces réduits, composé d'un système de levage de moteur électrique et de broche (cric automobile) et doté d'un système de traction indépendant pour les roues arrière, un point que l'on ne trouve pas dans les systèmes commerciaux.

4. MATÉRIAUX ET MÉTHODES

Ce chapitre présente les matériaux et les composants appliqués au projet, ainsi que la méthodologie pour leur choix et leur dimensionnement.

4.1. MÉTHODOLOGIE DU PRODUIT

Selon Tormes (2012), l'application d'une méthode de recherche exploratoire tend à améliorer la découverte de solutions possibles pour l'objet de la recherche. Dans ce contexte, la principale activité de transformation se situe entre une étape initiale de recherche, d'assimilation et de synthèse de l'information et une étape conclusive, dans laquelle les décisions prises seront organisées dans un langage technique permettant la communication et la fabrication du produit.

Suite à ces considérations, il est fait appel à la méthodologie du produit, qui peut être définie comme un processus divisé en trois étapes (MANTOVANI, 2011 ; TORMES, 2012) :

- <u>Projet informationnel :</u> Dans cette étape, on a effectué le relevé des informations nécessaires pour développer le projet. Il a été vérifié le besoin d'un véhicule cargo applicable à des espaces réduits, ce qui a visé une amélioration de l'ergonomie du travail ;
- <u>Projet conceptuel :</u> Une fois la problématique et l'applicabilité du produit définies, la géométrie de base du système a été déterminée, définissant les composants de base à appliquer, ainsi que leur positionnement, leur dimensionnement et leur fonctionnement, afin qu'ils permettent la création d'un véhicule robuste et compact ;

- <u>Conception détaillée :</u> après avoir déterminé le dessin conceptuel, la modélisation a été effectuée dans un environnement 3D, où les spécifications finales des composants à fabriquer ont été déterminées et une étude de leur assemblage a été réalisée.

4.2. CONCEPTION STRUCTURELLE

Les structures et les machines sont des systèmes composés d'éléments soumis à diverses forces (BEER ; JOHNSTON, 1980). Il est défini que les structures sont conçues pour supporter des charges normalement statiques, tandis que les machines sont conçues pour transmettre ou modifier des forces (BEER ; JOHNSTON, 1980). Pour déterminer l'assemblage et le détail des composants, le logiciel SolidWorks (SOLIDWORKS, 2015) a été utilisé, où il a été possible de les déterminer et de les vérifier en simulation de mouvement. Ainsi, la viabilité de chaque composant de l'assemblage a été vérifiée. A Figure 11 illustre l'assemblage de base de la structure.

Figure 11: Conception de structures dans SolidWorks.

4.2.1 Définition des efforts

Selon Beer et Johnston (1980), la détermination des efforts dans les composants doit commencer par la création d'un croquis de corps libre. Ainsi, pour le créer, on définit d'abord la géométrie simplifiée du projet, en indiquant les points de jonction dans chaque barre (Figure 12).

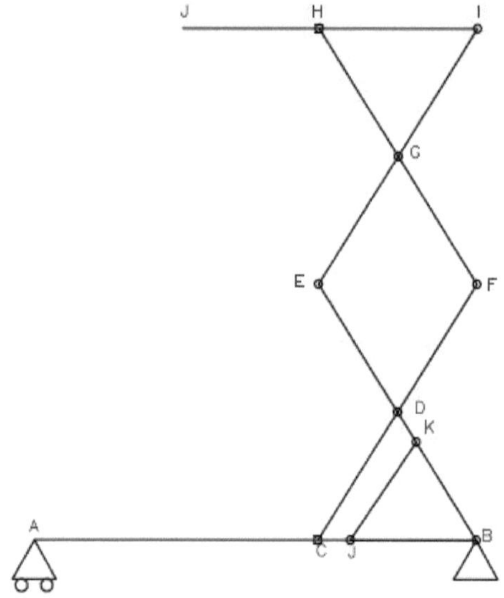

Figure 12: Géométrie de base.

Les points mis en évidence dans Figure 12 peut être vu dans le tableau 04 :

Tableau 4Description des éléments du projet

Élément	Description
Soutien A	Roues arrière
Soutien B	Roues avant

Point J	Joint de vérin inférieur
Point K	Joint de vérin supérieur
Barra JK	Système de levage
Barre JHI	Plate-forme de levage
Barre ACJB	Base du véhicule (châssis)
Points C et H	Points de glissement
Point B	Articulation à base fixe
Point I	Articulation de la plate-forme fixe
Points D, E, F et G	Les articulations des barres

Selon Beer et Johnston, (1980), pour déterminer les forces internes de chaque composant, il faut déterminer le diagramme de corps libre de chaque élément (Figure 13).

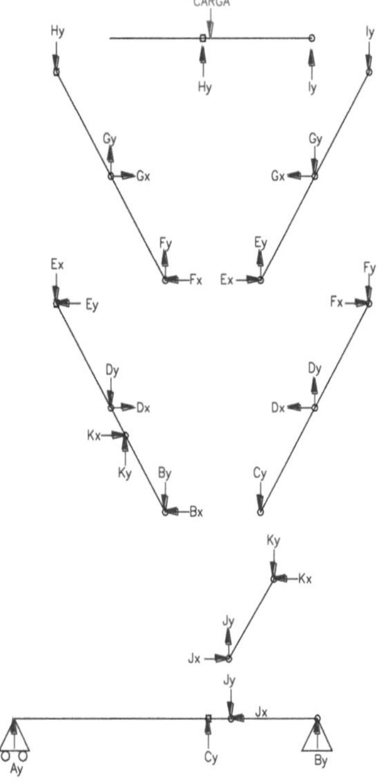

Figure 13Diagramme de corps libre de la structure.

L'équilibre d'un corps rigide dépend de l'équilibre des forces extérieures qui agissent sur lui (BEER ; JOHNSTON, 1980). Ainsi, il a été appliqué les 3 conditions de la statique (BEER ; JOHNSTON, 1980) :

$$\sum F_X = 0 \qquad (1)$$

$$\sum F_Y = 0 \qquad (2)$$

$$\sum M_O = 0 \qquad (3)$$

Comme il s'agit d'un véhicule de levage de charges, il présente une hauteur variable, générant également des efforts variables. La proposition définie était d'un prototype capable de supporter une charge de 100 kgf, donc, selon la géométrie de base déterminée pour pouvoir atteindre la hauteur requise, il a été observé qu'il présente une structure symétrique, et les deux parties supportent la même charge. On suppose donc que la charge sera répartie en deux (50 kgf) pour chaque côté de l'équipement dans des conditions idéales d'utilisation. En appliquant les équations statiques, pour chaque élément, dans le logiciel Excel (MICROSOFT, 2015), on peut déterminer les efforts pour chaque composant, en tout point d'élévation, ainsi que les réactions d'appui sur les roues du véhicule. Les variables nécessaires pour déterminer l'élévation de la plate-forme sont présentées dans le tableau suivant Figure 14. Pour l'abaissement du système, il est vérifié que la distance D2 diminue, ainsi que la valeur de l'angle α (Figure 15). Notez dans l'équation 4 la relation géométrique de l'angle α.

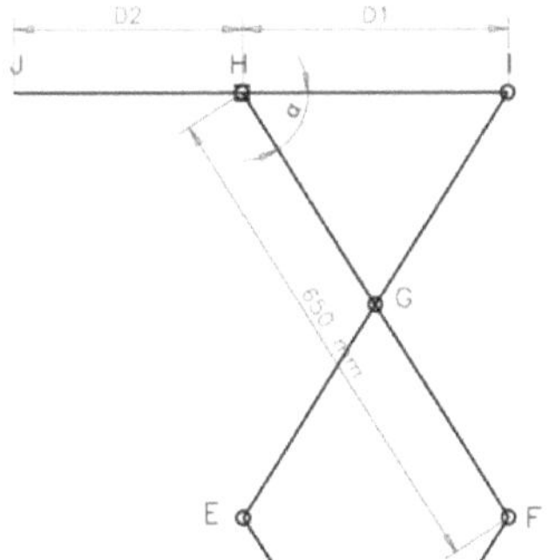

Figure 14Relations géométriques.

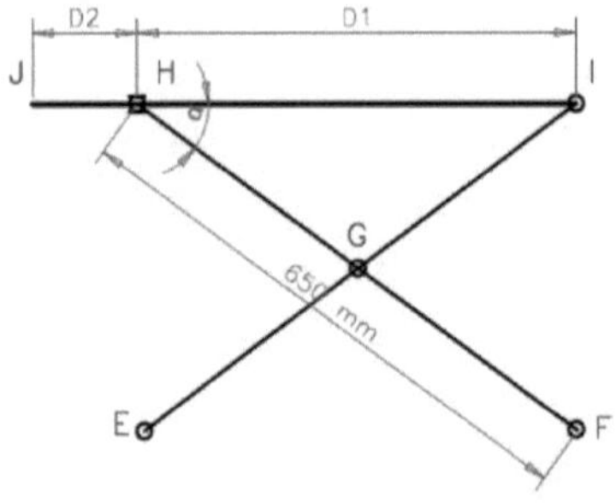

Figure 15: Variation de D2 et α en fonction de l'abaissement.

Par lequel :

$$\alpha = cos^{-1}\frac{D1}{650}$$ (4)

Pour valider la détermination des efforts, l'application ForceEffect (AUTODESK, 2015) a été utilisée. Grâce à cette application, on peut comparer les résultats obtenus avec Excel (MICROSOFT, 2015), en arrivant à des résultats satisfaisants dans toutes les positions d'élévation, comme on peut le voir dans le tableau 05, où D2 est de 189 mm :

Tableau 5Forces résultantes pour D2 = 189 mm, charge 490.5 N.

Forces résultantes	ForceEffet (N)	Excel (N)
Force résultante A	186,61	186,45
Force résultante B	303,89	304,05
Force résultante C	635,35	635,20
Force résultante D	923,16	922,91
Force résultante E	602,87	602,56
Force résultante F	514,48	514,24
Force résultante G	533,04	532,86

Force résultante H	345,66	345,80
Force résultante I	144,84	144,70
Force résultante J	1884,65	1881,80
Force résultante K	1884,65	1881,80

Pour les articulations D, E, F et G, il a été observé qu'il y a une augmentation de l'effort au fur et à mesure de l'abaissement de la plate-forme, comme on peut le voir dans le tableau ci-dessous. Figure 16, Figure 17, Figure 18 e Figure 19:

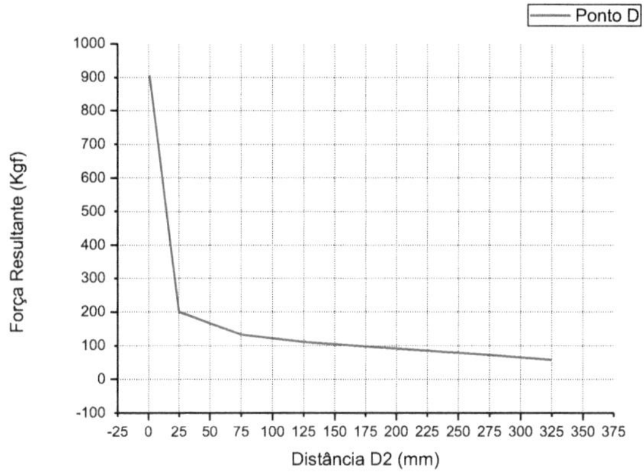

Figure 16Force résultante sur D en fonction de la distance D2.

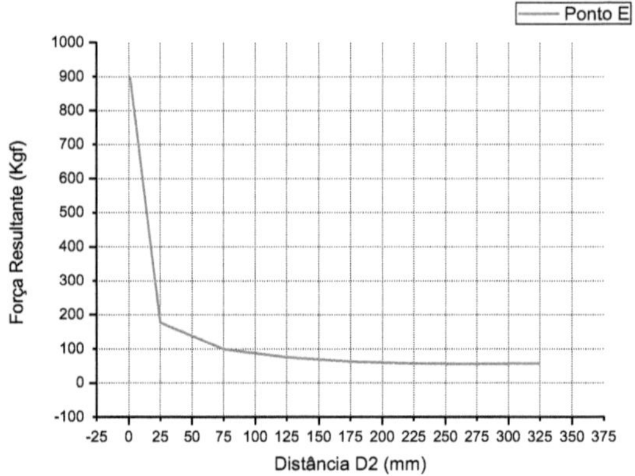

Figure 17Force résultante sur E en fonction de la distance D2.

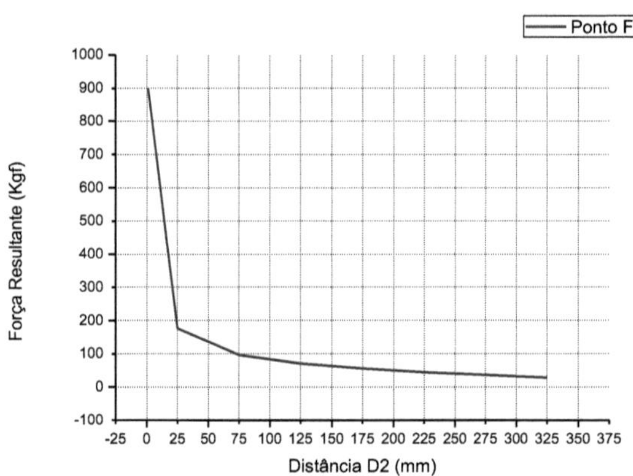

Figure 18Force résultante F en fonction de la distance D2.

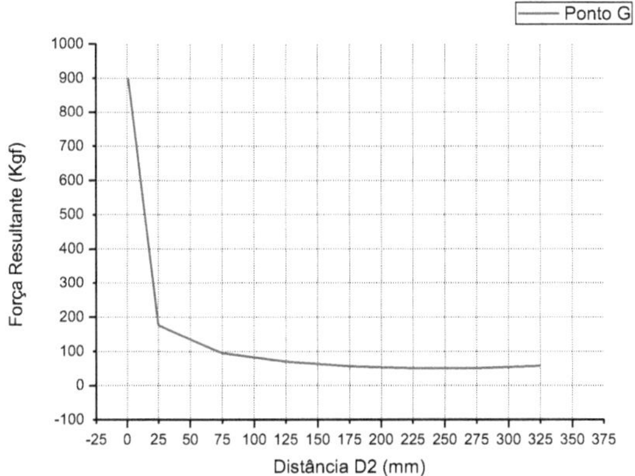

Figure 19Force résultante sur G en fonction de la distance D2.

En ce qui concerne les valeurs spécifiques, le joint D a obtenu une force résultante de 905,88 Kgf, étant le joint le plus demandé des barres. Pour les articulations fixes B et I, on observe également une augmentation des efforts en fonction de l'abaissement de la plate-forme, cependant B présente une variation beaucoup plus importante que l'articulation fixe I, étant donné que l'articulation B reçoit un effort de 514,13 Kgf. Une comparaison entre les joints fixes B et I peut être observée en Figure 20:

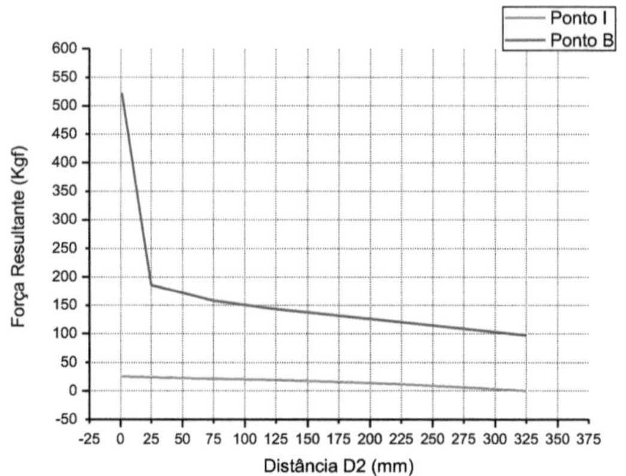

Figure 20Comparaison entre les articulations B et I en fonction de la distance D2.

Pour les joints coulissants, on observe qu'il y a une contrainte maximale dans C et H à différents moments. L'articulation coulissante C a un effort maximal (74,96 Kgf) en élévation minimale, tandis que H a un effort maximal (50 Kgf) en élévation maximale. Une comparaison entre les joints coulissants est présentée dans Figure 21.

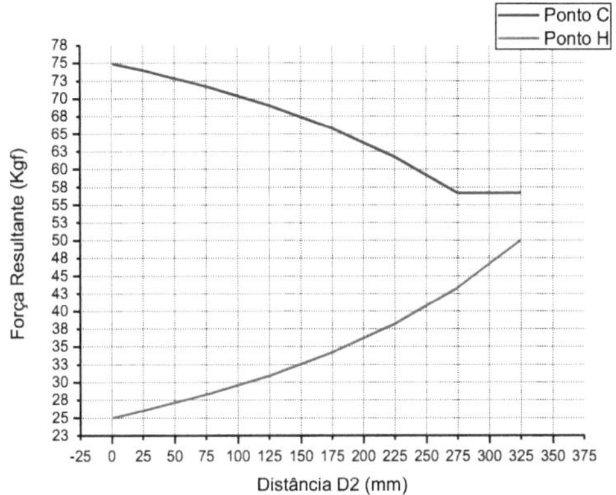

Figure 21Comparaison entre les joints coulissants C et H en fonction de la distance D2.

Pour le système de levage, représenté par la barre JK, l'effort requis en fonction du levage est illustré par la formule suivante Figure 22L'effort maximal est de 1108,35 kgf. Pour les bases d'appui du système de levage, le même effort sera appliqué (Figure 23). Pour des raisons constructives, déterminées lors des études d'assemblage dans SolidWorks (SOLIDWORKS, 2015), il est déterminé que les bases de vérins seront de profil circulaire et auront des longueurs de 500 mm et 380 mm. Le moment de flexion maximal observé est de 138542,5 kgf.mm, comme le montre l'illustration ci-dessous. Figure 24 (1359108.75 N.mm) :

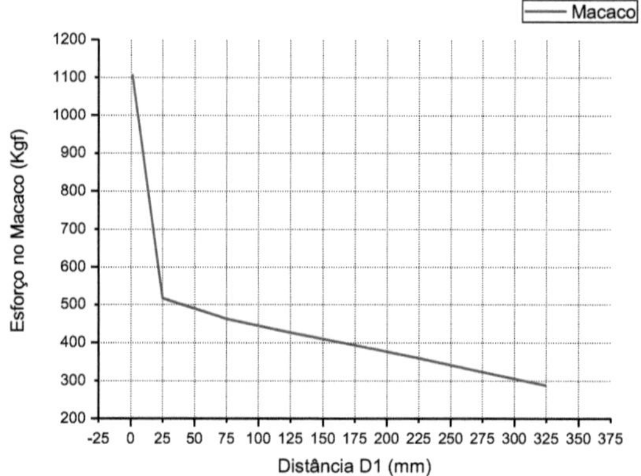

Figure 22Efforts dans le système de levage.

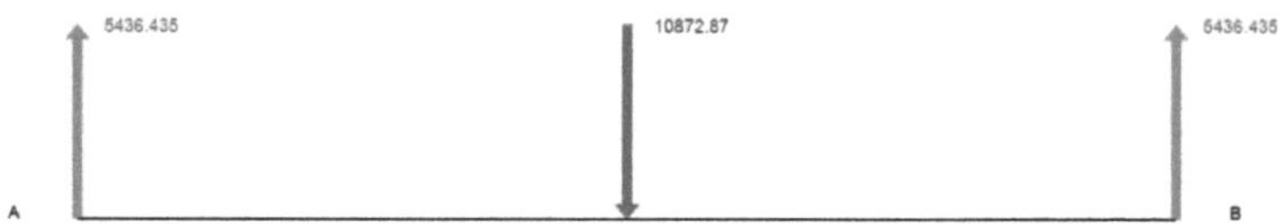

Figure 23Efforts à la base du système de levage (N).

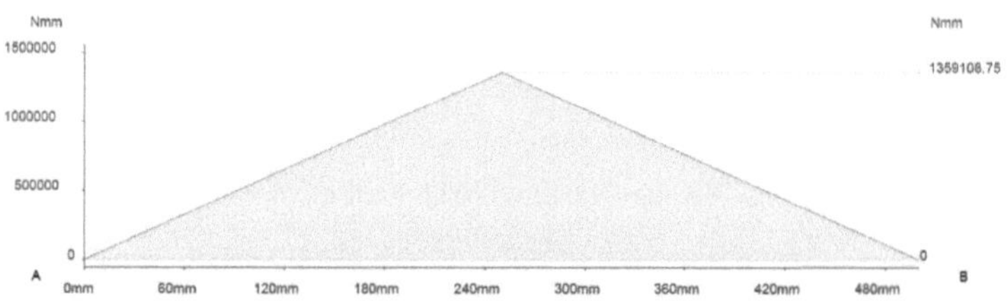

Figure 24Moment de flexion maximal au niveau de la base de 500 mm supportant le système de levage.

Pour la représentation des efforts dans le châssis, les efforts de cisaillement maximum et le moment de flexion maximum (379728.971 N.mm) sont déterminés dans la position d'abaissement maximum de la plate-forme (Figure 25, Figure 26 e Figure 27) :

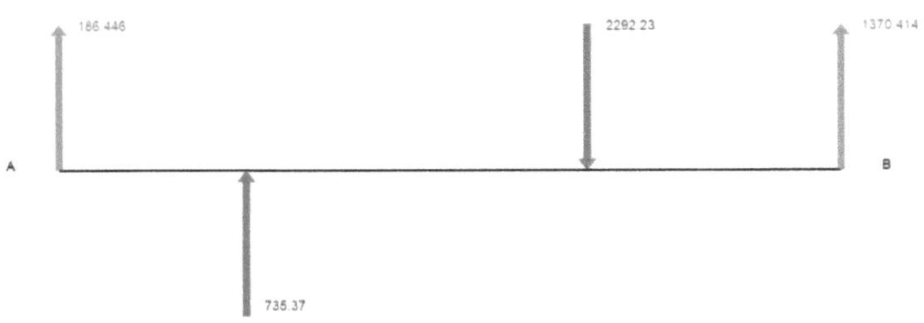

Figure 25Forces de cisaillement sur le châssis.

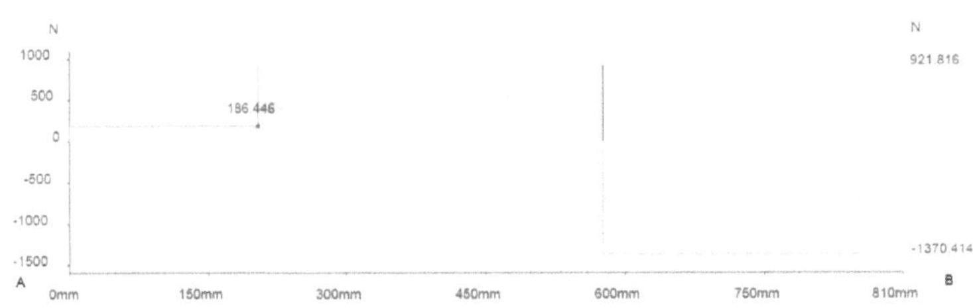

Figure 26: Graphique des forces de cisaillement sur le châssis.

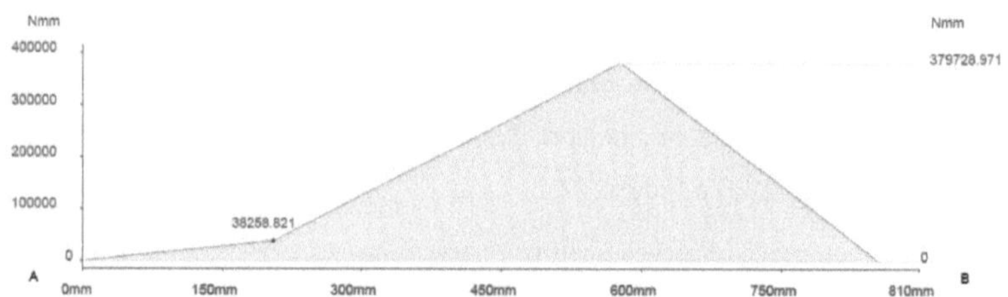

Figure 27Graphique du moment de flexion sur le châssis.

Pour les barres du système de levage par cisaillement, la barre la plus sollicitée est la barre EDKB, qui maintient le système de levage. On trouve la résultante de chaque point perpendiculairement à la barre, pour atteindre les forces de cisaillement maximales. La section DK, c'est-à-dire la section entre le joint et le support du système d'élévation, de la barre donnée est la section qui atteint les efforts de cisaillement les plus élevés (136,4 Kgf), comme observé en Figure 28:

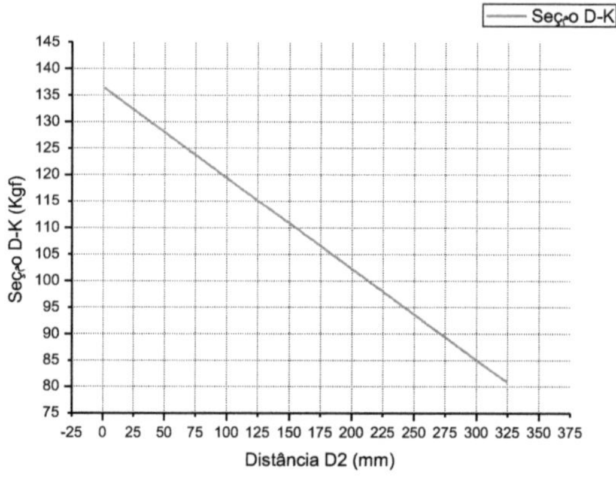

Figure 28: Effort de cisaillement dans la section D-K en fonction de D2.

Enfin, la répartition des forces sur les roues du véhicule est déterminée, la partie avant supportant 62% de la charge et la partie arrière (motrice) 38%. La répartition de la charge sur les roues dépend du positionnement de la charge sur la plate-forme, la charge étant concentrée (Figure 29) est la condition de travail idéale, principalement en ce qui concerne la stabilité du véhicule.

Figure 29Position idéale pour la charge indiquée sur la plate-forme

4.2.2 Matériaux

Les principaux matériaux utilisés dans le cadre du projet sont les aciers SAE 1020 et 1045, décrits ci-dessous. Ces aciers ont été choisis pour leurs caractéristiques de norme commerciale, de facilité d'accès et de meilleure valeur marchande. Commercialement, ils sont utilisés dans les vis, les arbres, les composants forgés avec des exigences plus élevées, les leviers de frein, les clés, entre autres (GERDAU, 2015).

Le châssis, la plate-forme et les ciseaux, sont des composants structurels demandés à des efforts considérables, nécessitant des soudures dans leur assemblage. L'application de l'acier SAE 1020 est faisable, car c'est un acier avec une bonne soudabilité et une application générale (GERDAU, 2015). Pour les composants soumis à des contraintes mécaniques plus élevées, comme les broches, l'application de l'acier SAE 1045 s'avère cohérente. Le SAE 1045 est un acier de résistance moyenne, à faible trempabilité, utilisé dans les essieux, les engrenages et les composants structurels (GERDAU, 2015). Les principales données de ces aciers sont présentées dans le tableau 06 :

Tableau 6Propriétés des aciers SAE 1020 et SAE 1045. SOURCE : (MATWEB, 2015)

Acier	Résistance à la traction	Flux de tension	Module d'élasticité
SAE 1020	380 MPa	205 MPa	186 GPa
SAE 1045	545 M MPa	310 MPa	206 GPa

La courbe de contrainte-déformation est une description graphique du comportement de déformation d'un matériau sous une charge de traction uniaxiale (CIMM, 2015). La courbe est obtenue lors de l'essai dit de traction. Ci-dessous, dans Figure 30nous avons le graphique d'analyse des aciers.

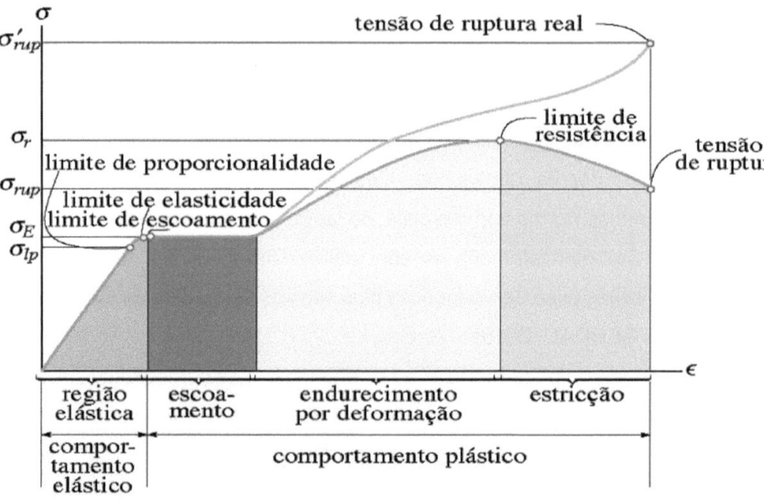

Figure 30Graphique Tension x Déformation pour les aciers. SOURCE : (BUFFONI, 2015).

Les phases élastiques, d'élasticité, d'écrouissage, de déformation et enfin de rupture sont notées. Il est important de ne pas dépasser la zone d'élasticité,

36

afin de conserver les propriétés de l'acier et de garantir ainsi la sécurité de la conception.

4.2.3 Dimensionnement

Après avoir défini les forces et présenté les matériaux à fabriquer, on définit la contrainte agissant sur chaque élément   , en l'adaptant au projet.

4.2.3.1. joints dans les barres - goupilles

Pour les points D, E, F et G, on observe que la contrainte prédominante sera la contrainte de cisaillement moyenne. Selon Beer et Johnston (1995), la résultante de la force de cisaillement est générée par l'application d'une charge transversale sur le corps, et est définie par l'équation 5 :

$$\tau_{méd} = \frac{F}{A} \qquad (5)$$

Où :

$\tau_{méd}$: Contrainte de cisaillement moyenne ;

F: Force de cisaillement ;

A: Section transversale.

La force adoptée pour le dimensionnement est la force maximale trouvée dans les goupilles, 905,87 Kgf. Pour le matériau des axes, on adopte l'acier SAE 1045, en appliquant un coefficient de sécurité 3 (étant des axes sensibles à l'usure et aux charges intermittentes, ils ont besoin d'un coefficient de sécurité élevé) et le coefficient de sécurité peut être obtenu par :

$$\tau_{adm} = \frac{\tau_e}{CS} \tag{6}$$

$$\sigma_{adm} = \frac{\sigma_e}{CS} \tag{7}$$

Où :

$CS:$ Coefficient de sécurité ;

$\tau_{adm}:$ Contrainte de cisaillement admissible ;

$\tau_e:$ Limite d'élasticité en cisaillement ;

$\sigma_{adm}:$ Contrainte admissible ;

$\sigma_e:$ Contrainte d'élasticité.

Pour obtenir la contrainte de cisaillement admissible, on applique la relation proposée par Provenza (1996) :

$$\tau_{adm} = \sigma_{adm} \left(\frac{2/3}{3/4} \right) \tag{8}$$

Avec cela, les résultats ci-dessous sont observés :

Tableau 7Données pour le dimensionnement des broches.

Article	Valeur	Unité
Résistance à la traction de l'acier SAE 1045	31,6	Kgf/mm²

Coefficient de sécurité adopté	3	sans dimension
Contrainte admissible trouvée	10,53	Kgf/mm²
Contrainte de cisaillement admissible	9,36	Kgf/mm²
Diamètre de l'axe	11,1	mm

4.2.3.2 Barres de ciseaux

Le matériau déterminé pour les barres est l'acier SAE 1020. Le profil choisi pour l'assemblage était la barre plate avec des dimensions de 38,1 mm de large par 6,35 d'épaisseur. Selon Provenza et Souza (1986), une barre sollicitée par des efforts est soumise à des contraintes de cisaillement tangentielles dues aux forces de cisaillement. Pour les barres courtes sollicitées par de grands efforts combinés, la limitation de la contrainte de cisaillement déterminera sa longueur (HIBBELER,2006). Pour les barres à section rectangulaire, l'équation 9 s'applique (HIBBELER, 2006) :

$$\tau_{máx} = 1{,}5 \left(\frac{V}{A}\right) \tag{9}$$

Être :

$\tau_{máx}$:   Contrainte de cisaillement maximale ;

V :   Force de cisaillement ;

A :   Section transversale.

Où la surface est déterminée par (équation 10) :

$$A = b \left(\frac{h - D}{2}\right) \tag{10}$$

Être :

b: Épaisseur de la barre plate ;

h: Largeur de la barre plate ;

A: Diamètre du trou dans la section.

Tel que présenté, la barre EDKB est la plus demandée. Il est donc vérifié que le profil sélectionné et le matériau indiqué répondent aux exigences mécaniques de cisaillement maximal (Tableau 8).

Tableau 8: entraîne un cisaillement maximal.

Article	Valeur	Unité
Résistance à la traction de l'acier SAE 1020	20,89	Kgf/mm²
Force de cisaillement maximale	136,4	Kgf
Zone d'application de la force plus petite (région des trous)	85,73	mm²
Contrainte de cisaillement maximale trouvée	2,39	Kgf/mm²

Après avoir assemblé les barres des cisailles, il a été décidé de les verrouiller au moyen de tubes visant à donner une plus grande rigidité à la structure. Les   tests ont montré que l'application des tubes de verrouillage améliorait la stabilité de l'ensemble. L'assemblage des ciseaux peut être vu dans Figure 31 et le détail du verrouillage dans Figure 32.

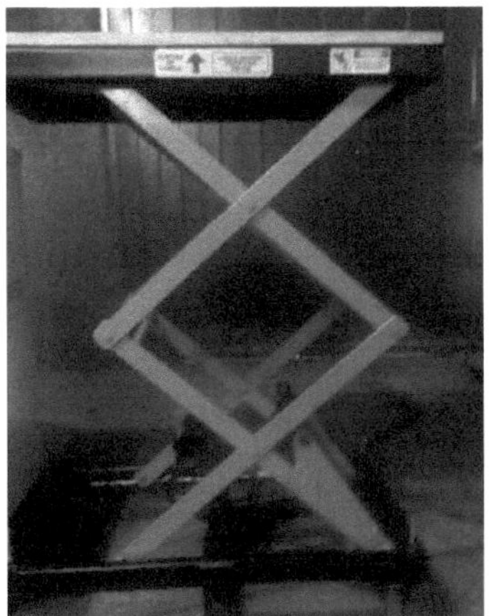

Figure 31Assemblage des ciseaux.

Figure 32Barres de verrouillage sur les ciseaux.

4.2.3.3 Système de levage et ses articulations

Il est vérifié que les bases du système seront soumises à la force nécessaire pour l'élévation du système. Comme indiqué, la charge maximale requise sera de 1108,35 Kgf. Le système de levage adopté, le cric électrique

Multilaser modèle AU604 de 12V, montré en Figure 33 (MULTILASER, 2015), comme indiqué dans sa description technique, est applicable dans des situations allant jusqu'à 1500 Kgf, il est donc suffisant pour la situation donnée.

Figure 33AU604 cric électrique 12 V. SOURCE : (MULTILASER, 2015).

Le cric est équipé d'une vis de puissance avec un filetage de type carré. Les vis de puissance (vis d'alimentation ou broches), sont utilisées pour convertir le mouvement rotatif en mouvement linéaire dans les actionneurs, les machines de production, les vérins, les ascenseurs automobiles, entre autres (NORTON, 2013). L'utilisation d'un filetage à profil carré assure une efficacité et une rigidité maximales, en éliminant toute composante de force radiale entre la vis et l'écrou (NORTON, 2013).

Selon Norton (2013), l'application de vis motorisées de type filetage carré élimine l'utilisation de freins ou de tout type de système contre le recul. L'autoblocage est une condition dans laquelle une vis ne peut être tournée par l'application d'une force axiale, quelle que soit sa valeur (NORTON, 2013). Par conséquent, l'utilisation d'un cric muni d'une tige filetée de type carré permet de maintenir la charge en place sans appliquer de couple (NORTON, 2013). La condition d'autoblocage d'une vis de puissance ou d'alimentation est facilement prévisible, comme le cite Norton (2013), si le coefficient de friction d'un assemblage boulon-écrou est connu. Comme consulté (ENGINEERINGTOOLBOX, 2015), le coefficient de friction (μ) pour la situation acier contre acier sans lubrification est de 0,16. La relation proposée par Norton

(2013) pour qu'il y ait un autoblocage dans les boulons à filetage à profil carré peut être observée dans l'équation 11 :

$$\mu \geq tg \, \lambda \tag{11}$$

A :

λ: Angle d'hélice de la vis

La détermination de l'angle d'hélice est déterminée par l'équation 12 (CORREIA, 2005)

$$tg \, \lambda = \frac{p}{\left[\pi.\left(\frac{D_e + d_i}{2}\right)\right]} \tag{12}$$

Considérant :

p: Pas de fil ;

D_e: Diamètre extérieur du filet ;

d_i: Diamètre interne du filet.

Pour la situation donnée, l'ensemble des mesures nécessaires au calcul de l'autoblocage ont été obtenues à partir de la broche elle-même. La relation entre les données obtenues peut être vue dans Tableau 9ce qui prouve l'autoblocage du système.

Tableau 9Des données pour prouver l'autoblocage.

Données pour le filetage carré	
Diamètre extérieur :	12.00 mm
Pas de fil :	2,5 mm
Diamètre interne	10.00 mm
Angle de l'hélice :	4,14°
Tangente de l'angle de l'hélice	0,07
Coefficient de friction considéré	0,16

Le cric est équipé à l'origine de capteurs de fin de course, qui limitent le mouvement maximal en avant et en arrière du système, en coupant le moteur dans des situations données.

Pour les barres de base, il est déterminé pour des raisons constructives que l'abaissement de la plate-forme sera limité par des butées sur le cadre. Cela implique une distance minimale pour D2, qui est de 10 mm. Ainsi, le moment de flexion maximal appliqué à l'élément sera de 72412,5 Kgf.mm. Pour cette situation, le module de résistance à la flexion nécessaire est déterminé par l'équation 13 :

$$\sigma_{adm} = \frac{M_{máx}}{W} \tag{13}$$

Où :

$M_{máx}$: Moment de flexion maximal ;

W: Module de résistance à la flexion.

Le module de résistance à la flexion pour les éléments de profilés circulaires peut être déterminé par :

$$W = \frac{\pi . D^3}{32} \tag{14}$$

Par lequel :

D :   Diamètre de la section.

Sur la base des données présentées et des équations décrites, les résultats peuvent être vus en Tableau 10:

Tableau 10Données pour le dimensionnement des bases du système d'élévation - acier 1045.

Article	Valeur	Unité
Résistance à la traction de l'acier SAE 1045	31,6	Kgf/mm²
Coefficient de sécurité adopté	1,5	sans dimension
Contrainte admissible trouvée	21,07	Kgf/mm²
Moment de flexion maximal dans la section	72412,5	Kgf.mm
Module de résistance à la flexion	3436,76	mm³
Diamètre de la section	32,71	mm

Les données relatives à la fabrication du même composant en acier 1020 sont indiquées dans le tableau suivant Tableau 11:

Tableau 11Données pour le dimensionnement des bases du système d'élévation - acier 1020.

Article	Valeur	Unité
Résistance à la traction de l'acier SAE 1020	20,89	Kgf/mm²
Coefficient de sécurité adopté	1,5	sans dimension
Contrainte admissible trouvée	13,93	Kgf/mm²
Moment de flexion maximal dans la section	72412,5	Kgf.mm

| Module de résistance à la flexion | 5198,31 | mm³ |
| Diamètre de la section | 37,55 | mm |

Il est vérifié que le choix de l'acier SAE 1045 est l'option la plus viable pour la fabrication du composant. Il est observé dans Figure 34 la représentation 3D du système d'élévation et de ses bases.

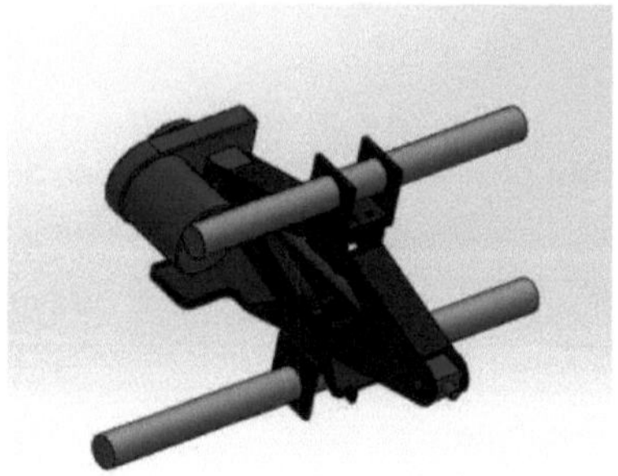

Figure 34Représentation 3D du singe et de ses bases.

4.2.3.4 Châssis et plate-forme élévatrice

Le profil du matériau choisi pour la plate-forme et le châssis du véhicule est un acier SAE 1020 de type U raidi, comme indiqué dans le tableau ci-dessous. Figure 35. Le choix de ce type de profilé permet de l'utiliser comme rail pour les supports coulissants du système de levage.

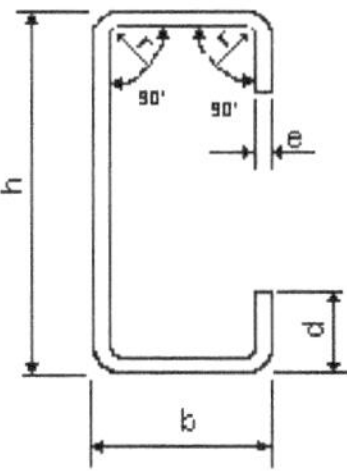

Figure 35Illustration du profilé en U raidi. SOURCE : (METÁLICA,2015).

Le profil adopté a une hauteur (h) de 50 mm, une base (b) de 25 mm, une hauteur de bride (d) de 10 mm et une épaisseur (e) de 2,25 mm. Selon les données trouvées (METÁLICA, 2015), le profilé a un module de résistance à la flexion (W) de 3300 mm³. L'équation 11 vérifie si le profil choisi répond aux besoins du projet. On peut le voir dans Figure 27le moment de flexion maximal de 379728.971 N.mm (38708.36 Kgf.mm). Les résultats sont présentés dans Tableau 12 :

Tableau 12Vérification du profilé en U rigidifié.

Article	Valeur	Unité
Résistance à la traction de l'acier SAE 1020	20,89	Kgf/mm²
Module de résistance à la flexion	3300	mm³
Moment de flexion maximal dans la section	38708,36	Kgf.mm
Tension trouvée	11,73	Kgf/mm²

Notez que la contrainte trouvée est inférieure à la contrainte admissible du matériau, ce qui indique que le profil et le matériau choisi répondent aux contraintes mécaniques que le châssis supportera. L'application du même matériau et du même profil dans la plate-forme est possible, puisqu'elle subira des contraintes inférieures à celles du châssis.

Pour le dessus de la plate-forme, on a utilisé une planche de bois de type naval (résistant à l'humidité) de 18 mm d'épaisseur, fixée au moyen de rivets dans la plate-forme. Figure 36. Il est indiqué pour une application dans les sols des industries du transport de marchandises, du nautisme, entre autres (SOMAPAR, 2015). Sur le dessus, huit douilles de type américain ont été fixées (METALARTES, 2015), comme on peut le voir en Figure 37. Cette douille a un filetage interne de la taille W 5/16" et est destinée à fixer la charge dans des situations critiques, selon les besoins de l'utilisateur.

Figure 36Plateau en bois marin 18 mm.

Figure 37Douille américaine W 5/16". SOURCE : (METALARTES, 2015).

4.2.3.5. Supports coulissants

Pour les supports coulissants, on déterminera les paliers et les axes, et pour les supports fixes, on indiquera les axes. Le roulement choisi pour les supports coulissants est le type 6300 2Z. Selon le catalogue technique (SKF, 2015), il supporte des charges statiques allant jusqu'à 346,59 Kgf, répondant à l'effort maximal de 74,96 Kgf. Le choix du roulement s'est fait principalement en raison de ses dimensions (Figure 38), qui répondent aux dimensions du châssis et de la plate-forme choisis.

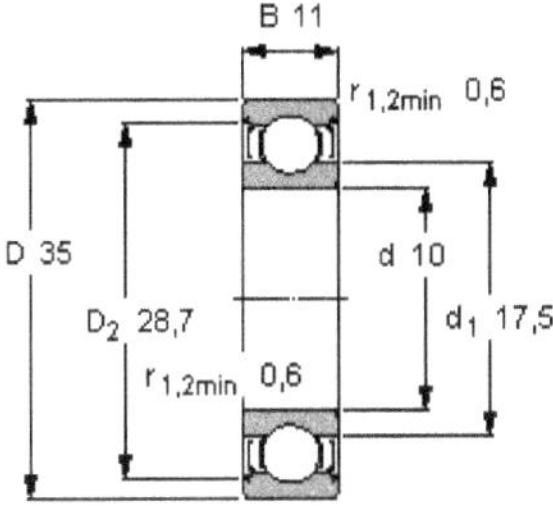

Figure 38Dimensions du roulement 6300 2Z. SOURCE : (SKF,2015).

Comme vu dans Figure 38le roulement présente un diamètre interne de 10 mm. En utilisant les équations 5, 6, 7 et 8, les données du tableau 13 sont déterminées, où il est vérifié qu'une goupille de diamètre 10 mm fabriquée en acier SAE 1045 répond aux exigences.

Tableau 13: Contrôle de la résistance des axes des joints coulissants.

Article	Valeur	Unité
Résistance à la traction de l'acier SAE 1045	31,6	Kgf/mm²

Effort maximal	74,96	Kgf
Diamètre de l'axe	10	mm
Contrainte de cisaillement trouvée	0,95	Kgf/mm²

4.2.3.7. Supports fixes

Afin d'uniformiser les broches des bases fixes et mobiles, les Tableau 14 la viabilité d'une broche de 10 mm de diamètre pour un effort maximal de 522,34 Kgf.

Tableau 14: Contrôle de la résistance des goupilles des joints fixes.

Article	Valeur	Unité
Résistance à la traction de l'acier SAE 1045	31,6	Kgf/mm²
Effort maximal	514,13	Kgf
Diamètre de l'axe	10	mm
Contrainte de cisaillement trouvée	6,55	Kgf/mm²

Il est vérifié que le diamètre adopté correspond aux spécifications du projet.

4.2.3.8 Spécification des roues

Comme on le voit, le système en utilisation idéale fonctionne avec une répartition des masses de 38% sur les roues motrices et 62% sur les roues avant, pour le centre de masse de la charge appliquée au centre de la plate-forme. Toutefois, il est noté qu'il est possible d'appliquer la charge jusqu'à une distance de 425 mm de l'avant du véhicule, générant une répartition de la charge de 50% vers l'avant et 50% vers l'arrière. Toutefois, il est noté que les roues avant doivent supporter environ 25 à 31 kgf dans des conditions idéales et les roues arrière 19 à 25 kgf. Si l'on considère que la masse totale du véhicule est de 100 kgf, la charge supportée par les roues sera le double de celle indiquée. Il est déterminé, l'application de la roue avant de 2", avec une capacité de charge de 80 Kgf et l'application de la roue arrière de 9" avec une capacité de charge de 150 Kgf (Figure 39).

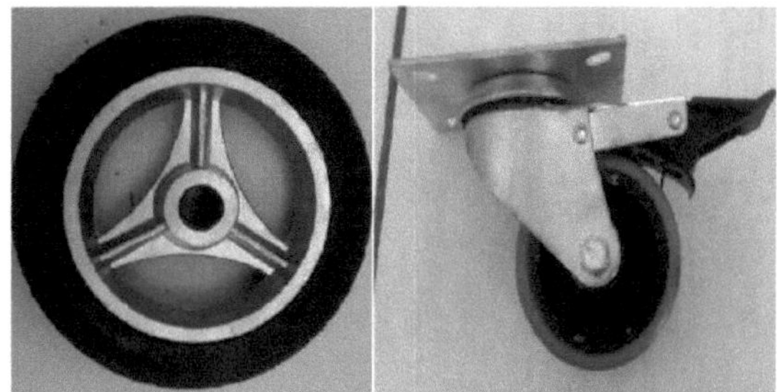

Figure 39Roues.

4.3. ACTIONNEURS, ÉLECTRONIQUE, CONTRÔLE ET TRANSMISSION

En plus de la mise en œuvre d'un système de levage purement mécanique au lieu d'un système hydraulique, afin de réduire les coûts et d'améliorer l'ergonomie du travail, par rapport aux systèmes manuels, ou même l'absence de ceux-ci, il est également proposé la mise en œuvre d'un système de traction mécanisé, par lequel le véhicule peut se déplacer sans aucun type d'effort physique de l'opérateur, améliorant encore plus l'ergonomie. Ce système est composé de 2 actionneurs (indépendants pour chaque roue), d'un contrôleur de rotation et d'inverseurs de rotation, d'une commande de fonctionnement, d'une batterie 12V, d'un chargeur de batterie et d'un faisceau électrique.

4.3.1 Actionneurs et transmission

Pour la partie moteur, c'est-à-dire les moteurs électriques qui seront chargés de faire avancer et reculer le véhicule, nous avons choisi d'utiliser des moteurs de type CEP qui, selon le catalogue des moteurs Bosch (BOSCH, 2004), ont les caractéristiques suivantes, indiquées dans le tableau ci-dessous. Tableau 15. Le comportement du courant, de la tension et du rendement en fonction du couple est illustré dans le tableau ci-dessous. Figure 40:

Tableau 15Données du moteur CEP. SOURCE : (BOSCH,2004)

Code postal du moteur 9 390 453 042	
Tension nominale	12 V
Puissance nominale	57 W
Rotation	75 rpm
Actuel	18 à 50 A
Couple disponible	9 N.m à 36 N.m

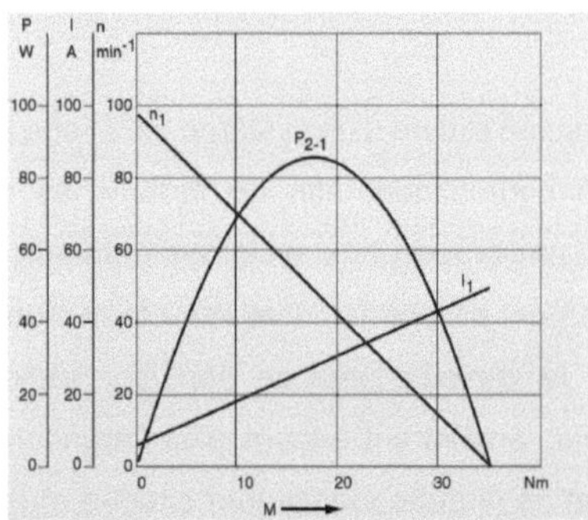

Figure 40Figure 40 : Graphique du courant, de la tension et du rendement en fonction du couple. SOURCE : (BOSCH, 2004).

Dans le cas de moteurs indépendants sur les roues arrière, le dimensionnement a pris en compte la masse maximale du système (estimée dans SolidWorks) de 100 kg plus la charge maximale du système, soit 200 kg (1962 N). Pour des raisons de symétrie, on considère que chaque moteur travaille avec la moitié de la charge totale (981 N). En consultant les données disponibles dans Engineeringtoolbox (2015), la situation critique pour l'application de la traction serait avec un coefficient de friction (µ) de 0,9. Ainsi, la force nécessaire pour déplacer le véhicule est mise en équation au moyen du théorème du centre de masse (BEER ; JOHNSTON, 1980) (équation 15). On peut observer dans l'équation 16 que la somme des réactions normales sur les roues doit être égale à la masse considérée (BEER ; JOHNSTON, 1980). Pour la situation critique présentée, la force de frottement maximale est définie par l'équation 17 (BEER ; JOHNSTON, 1980). La relation entre la force requise et le couple requis sur l'axe de la roue motrice peut être trouvée par l'équation 18 (MELCONIAN, 2013), comme suit :

$$F_{at}^T + F_{at}^D = F_{roda} \qquad (15)$$

Considérant que :

F_{at}^T: Force de frottement sur la roue arrière ;

F_{at}^D: Force de frottement sur la roue avant ;

F_{roda}:   Force tangentielle sur la roue motrice.

$$N_T + N_D = N \qquad (16)$$

Où :

N_T: Réaction normale de la roue arrière ;

N_D: Réaction normale de la roue avant ;

N: Le poids pris dans son ensemble.

$$F_{at} = \mu.N \qquad (15)$$

$$M_t = F_t.r \tag{16}$$

Être :

M_t: Le couple dans le système ;

F_t: Force tangentielle ;

r: La foudre.

Nous obtenons ainsi une force de roue nécessaire de 882,9 N pour déplacer l'ensemble à pleine charge. En appliquant la force tangentielle trouvée dans l'équation 16, ainsi que le rayon de la roue motrice (0,1143 m), on obtient le moment de torsion nécessaire de 100,92 N.m.

Pour obtenir le couple requis, il est nécessaire d'utiliser une transmission qui peut augmenter le couple transmis du moteur à la roue motrice. Le système de transmission par courroie est idéal, car c'est un système de montage et d'entretien simple, sans lubrification et avec un rendement élevé (0,95 à 0,98) (MELCONIAN, 2013).

Connaissant le couple fourni par le moteur et le couple nécessaire pour déplacer le véhicule à la charge maximale, on considère un coefficient de sécurité, appliqué par rapport au couple maximal que fournit le moteur (équation 17). Avec ces données, l'équation 18 est appliquée pour déterminer le rapport de transmission idéal (MELCONIAN, 2013).

$$M_{t\,ad} = \frac{M_{t\,máx}}{CS} \tag{17}$$

Où :

$M_{t\,ad}$: Moment de torsion adopté ;

$M_{t\,máx}$: Moment de torsion maximal du moteur.

$$i = \frac{D_{movida}}{D_{motriz}} = \frac{M_t}{M_{t\,ad}} \qquad (18)$$

Considérant :

D_{motriz}: Diamètre de la poulie d'entraînement ;

D_{movida}: Diamètre de la poulie entraînée ;

i: Rapport de transmission.

Pour le diamètre de la poulie d'entraînement, nous avons adopté 50 mm, car il s'agit du plus petit diamètre trouvé sur le marché. Cependant, les résultats sont présentés dans le tableau 16 :

Tableau 16Détermination du rapport de transmission.

Article	Valeur	Unité
Moment de torsion maximal du moteur	36	N.m
Coefficient de sécurité adopté	1,3	sans dimension
Moment de torsion adopté	27,7	N.m
Moment de torsion requis pour une roue de 9 pouces	100,92	N.m
Rapport de transmission	3,6	sans dimension
Diamètre de la poulie d'entraînement	50	mm
Diamètre de la poulie entraînée	182,16	mm

Pour la poulie entraînée, on adopte un diamètre de 180 mm, trouvé dans le commerce.

Pour la vérification du profil de la ceinture, selon Melconian (2013), il est nécessaire de considérer :

- Puissance du moteur : définie par l'équation 19 :

$$P_p = P_m \cdot fs \tag{19}$$

Considérant :

P_p: Puissance du projet ;

P_m :   Puissance du moteur ;

fs: Facteur de service.

En considérant le facteur de service égal au coefficient de sécurité adopté dans le couple (1.3), le résultat est de 74,1 W, ce qui, selon Figure 40est dans la plage de fonctionnement du moteur.

- <u>Profil de la courroie</u> : En raison de la disponibilité des courroies et des poulies sur le marché, il a été décidé d'utiliser des courroies de type Hi-Power II, qui, selon Melconian (2013), peuvent être présentées dans les modèles A, B, C, D et. La capacité la plus faible pour les bandes de profil A (MELCONIAN, 2013), est de 1 Cv et 100 rpm. Les données de transmission étant de 74,1 W (0,1 Cv) et la vitesse maximale de 75 tr/min, la courroie Hi-Power II de type A s'applique.

- <u>Longueur de la ceinture</u> : définie par les équations 20 et 21 (MELCONIAN, 2013) :

$$l = 2C + 1{,}57 \cdot (D + d) + \frac{(D - d)^2}{4 \cdot C} \tag{20}$$

$$C = \frac{3 \cdot d + D}{2} \tag{21}$$

Où :

l: Longueur de la ceinture ;

C: Entraxe de la poulie ;

D: Diamètre de la plus grande poulie ;

d: Diamètre de la plus petite poulie.

- <u>Longueur de ceinture ajustée</u> : est définie par les équations 22, 23 et 24 (MELCONIAN, 2013) :

$$C_a = \frac{l_a - h(D - d)}{2} \tag{22}$$

$$l_a = l_c - 1{,}57.(D - d) \tag{23}$$

$$h = \frac{D - d}{l_a} \tag{24}$$

Où :

C_a: Ajusté de centre à centre ;

l_a: Réglage de la longueur de la ceinture ;

h: Facteur de correction entre les centres ;

lc: Longueur de ceinture standard.

Après avoir présenté tous les paramètres, les données du système de transmission sont indiquées dans le tableau suivant Tableau 17

Tableau 17: Données sur le système de transmission.

Article	Valeur	Unité

Diamètre de la plus grande poulie (entraînée)	180	mm
Diamètre de la plus petite poulie (motrice)	50	mm
Puissance de conception	74,1	W
Distance du centre au centre	165	mm
Longueur de la ceinture	716,71	mm
Longueur de ceinture standard	720	mm
Longueur de réglage de la ceinture	358,9	mm
Facteur de correction entre les centres	0,195	mm
Ajusté de centre à centre	166,78	mm

La ceinture Hi-Power II A 27 est donc définie. L'utilisation d'une seule courroie pour chaque transmission se justifie par le fait que la courroie utilisée peut supporter des charges et des vitesses plus élevées dans une situation donnée.

4.3.2. les axes des arbres

Selon Melconian, (2013), les arbres sont des éléments qui ont pour but de transmettre le mouvement et de supporter des éléments constructifs (poulies, roues) et l'arbre de l'arbre est la dénomination donnée aux axes qui travaillent en mouvement. Comme le cite encore Melconian (2013), il est nécessaire de déterminer les efforts agissant sur l'arbre afin de pouvoir déterminer le diamètre de la section. Pour la situation donnée, on considère les efforts de réaction d'appui sur la roue motrice et la force tangentielle sur la poulie. En appliquant à nouveau l'équation 16, on détermine la force tangentielle maximale de 1121,33 N sur la poulie. Pour la poulie motrice, on adopte la situation critique, avec une charge de 50 Kgf (490,5 N), comme on peut le voir dans le tableau ci-dessous. Figure 41.

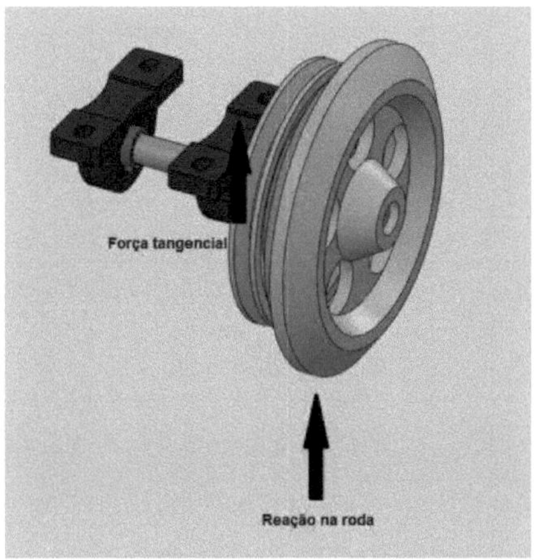

Figure 41Efforts dans le fuseau.

Comme présenté par Melconian (2013), le moment de flexion résultant maximal est obtenu au moyen du moment de flexion résultant maximal dans le plan vertical et du moment de flexion résultant maximal dans le plan horizontal, selon l'équation 25 :

$$M_r = \sqrt{(M_{v\,máx})^2 + (M_{H\,máx})^2}$$ (25)

Où :

M_r: Moment de flexion résultant ;

$M_{v\,máx}$:   Moment de flexion vertical maximal ;

$M_{H\,máx}$:   Moment de flexion horizontal maximal.

Pour le plan vertical, les efforts et les réactions sont montrés en Figure 42. La valeur de 450,9 N correspond à la réaction maximale dans la roue motrice et les autres valeurs sont les réactions pour les roulements. Dans le Figure 43il est

59

possible de vérifier le moment de flexion maximal dans le plan vertical de 44567.81 N.mm.

Figure 42Efforts dans le plan vertical pour l'arbre d'axe [en Newtons].

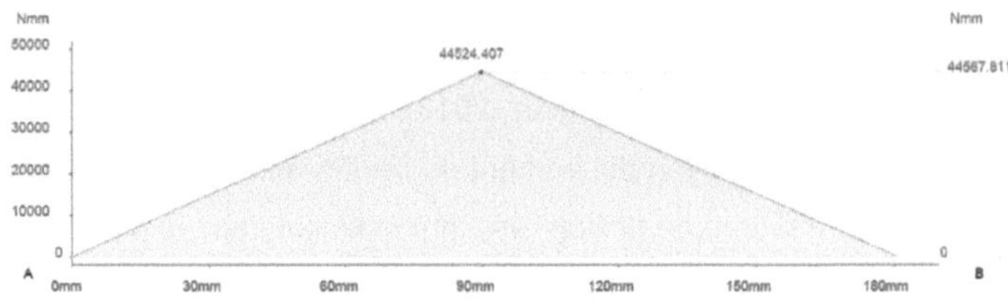

Figure 43Moment de flexion maximal dans le plan vertical pour l'arbre.

Dans le plan horizontal, la force prédominante est la force tangentielle appliquée à la poulie (1121,33 N). On observe sur la figure 39 les efforts résultants dans les roulements et sur la figure 40 le moment de flexion maximal dans le plan horizontal, de 59280.74 N.mm.

Figure 44Efforts dans le plan horizontal pour l'arbre d'axe [en Newtons].

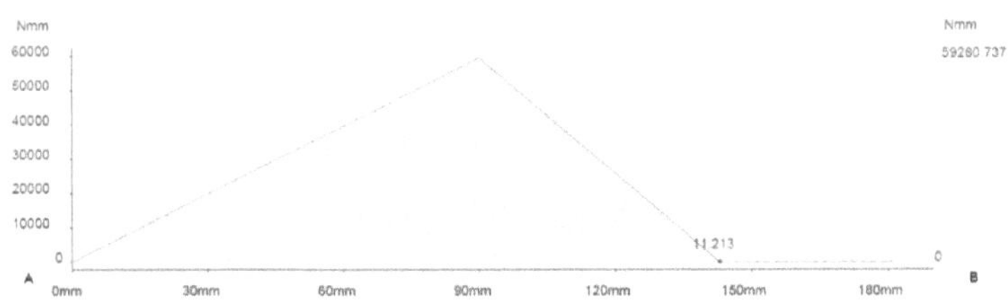

Figure 45Moment de flexion maximal dans le plan horizontal pour l'arbre.

Il est donc déterminé (équation 25) que le moment de flexion maximal résultant sur l'arbre est de 74165,33 N.mm.

Pour la fabrication de l'arbre, l'acier SAE 1045 est adopté selon les caractéristiques citées dans la section 4.2.2. La contrainte de flexion admissible adoptée est de 107,91 N/mm² (PROVENZA, 1996) et la contrainte de torsion admissible adoptée est de 63,76 N/mm² (PROVENZA, 1996). Avec cela, les équations 26, 27 et 28 sont appliquées pour déterminer le diamètre de l'arbre de l'arbre (MELCONIAN, 2013).

$$M_i = \sqrt{(M_r)^2 + \left(\frac{a}{2} \cdot M_t\right)^2} \tag{26}$$

$$a = \frac{\sigma_{adm\,f}}{\tau_{adm\,t}} \tag{27}$$

$$d \geq \sqrt[3]{\frac{b \cdot M_i}{\sigma_{adm\,f}}} \tag{28}$$

Par lequel :

M_i: Moment de flexion idéal ;

M_t :   Moment de flexion sur l'arbre ;

a: Le coefficient Bach ;

$\sigma_{adm\,f}$:   Contrainte de flexion admissible ;

$\tau_{adm\,t}$:   Contrainte admissible en torsion ;

b: Coefficient de forme ;

d: Diamètre de l'arbre.

En adoptant b = 1 pour l'application d'un arbre solide (MELCONIAN, 2013), les données dans Tableau 18:

Tableau 18: Données pour les axes de l'arbre.

Article	Valeur	Unité
Moment de flexion idéal	113013,62	N.mm
Moment de flexion sur l'arbre	100915,47	N.mm
Moment de flexion résultant	74165,33	N.mm
Coefficient Bach	1,69	adm

Contrainte de flexion admissible	107,91	N/mm²
Contrainte de torsion admissible	63,76	N/mm²
Coefficient de forme	1	adm
Diamètre de l'arbre	22,04	mm

Comme consulté dans un catalogue technique (FRM, 2015), les roulements à adopter sont de type P 205 associés à des roulements sphériques d'un diamètre interne de 7/8". Il est donc déterminé, la fabrication de l'arbre dans le diamètre de 7/8". Il est vérifié que la charge statique que l'ensemble supporte est de 1430 Kgf (FRM, 2015) tandis que la charge dynamique est de 1830 Kgf (FRM, 2015). La charge statique maximale à laquelle les roulements seront soumis est de 986,45 N (100,56 Kgf), ce qui correspond à la réaction maximale du support en fonction de la réaction de la roue, comme l'illustre la figure suivante Figure 42. La charge dynamique maximale peut être déterminée par la résultante des réactions maximales du support dans les plans vertical et horizontal (équation 29), qui est de 2036,49 N (207,6 Kgf). Par conséquent, la viabilité de l'ensemble est déterminée.

$$C = \sqrt{(R_{v\,máx})^2 + (R_{H\,máx})^2} \qquad (29)$$

Considérant :

C: Charge dynamique maximale ;

$R_{v\,máx}$:   Réaction verticale maximale ;

$R_{H\,máx}$:   Réaction horizontale maximale.

4.3.3. COMPOSANTS ÉLECTRIQUES ET CONTRÔLE

Un système de commande de moteur fourni par le commerce conformément aux spécifications nécessaires du prototype   a été utilisé, où il utilise la commutation de relais pour agir, changer la vitesse et inverser le sens de rotation des moteurs. L'élévation et l'abaissement de la plate-forme sont également commandés par des boutons. Les boutons sont montés sur une unité de commande pour une utilisation à distance. La commande dispose d'un bouton d'urgence pour l'arrêt immédiat du prototype. Comme indiqué dans Figure 46.

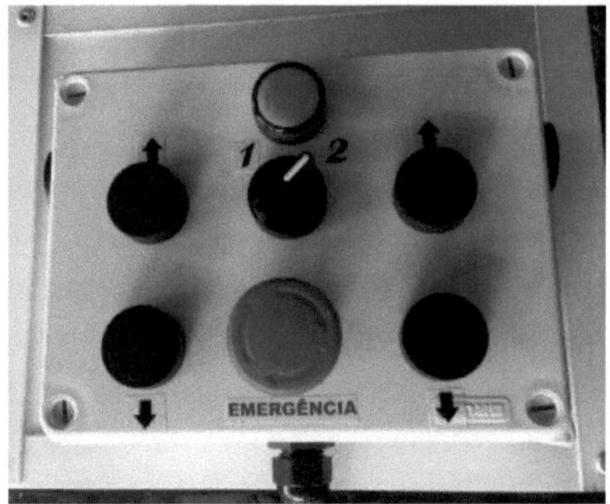

Figure 46Contrôle du prototype.

La batterie utilisée était de type automobile de 60 Ah, facilitant son remplacement en cas d'échange. Avec le système, un chargeur de batterie de 5 Ah a été installé, avec la possibilité de fonctionner en 127/220 V, pour autant que cela soit sélectionné dans le chargeur. Les   composants étaient logés dans une structure équipée d'une porte avec une serrure, l'isolant de l'opérateur lorsqu'elle était en service et permettant l'entretien des composants, comme le montre l'illustration ci-dessous. Figure 47.

Figure 47Boîtier et composants électriques.

5. SÉCURITÉ

Afin de s'assurer de la pertinence de ce projet, les normes de sécurité NR 11, 12, 17 et 26 ont été consultées. Selon le manuel de santé et de sécurité au travail (SENAC,2013), les points suivants de la NR 11 - Transport, manutention, stockage et transport de matériaux peuvent être mis en évidence :

- 11.1 - Règles de sécurité pour le fonctionnement des ascenseurs, des grues, des convoyeurs industriels et des machines de transport ;
- 11.1.3 - Les équipements utilisés pour la manutention des matériaux, tels que les ascenseurs, les monte-charges, les palans, les ponts roulants, les palans, les chariots élévateurs, les treuils, les bandes à chenilles, les convoyeurs de différents types seront calculés et construits de manière à offrir les garanties de solidité et de sécurité nécessaires et à être maintenus en parfait état de fonctionnement ;
- 11.1.3.2 - La charge de travail maximale admissible doit être indiquée à un endroit visible sur tous les équipements ;
- 11.1.5 - Dans les équipements de transport avec leur propre force motrice, l'opérateur doit recevoir une formation spécifique, dispensée par l'entreprise, qui le qualifiera pour cette fonction.

Les points suivants de la norme NR 12 - Sécurité au travail dans les machines et les équipements (SENAC,2013) ressortent :

- 12.4 - Sont considérées comme des mesures de protection à adopter dans cet ordre de priorité : a) les mesures de protection collective ; b) les mesures administratives ou d'organisation du travail ; c) les mesures de protection individuelle ;
- 12.22 - Les batteries doivent répondre aux exigences minimales de sécurité suivantes : a) emplacement permettant d'effectuer facilement leur entretien et leur remplacement depuis le sol ou une plate-forme de support ; b) constitution et fixation permettant d'éviter tout déplacement accidentel

; c) protection de la borne positive afin d'éviter tout contact accidentel et tout court-circuit ;

- 12.28 - Les commandes bimanuelles doivent être placées à une distance sûre de la zone dangereuse, compte tenu : a) de la forme, de la disposition et du temps de réponse de la commande bimanuelle ; b) du temps maximal nécessaire pour arrêter la machine ou supprimer le danger, après expiration du signal de sortie de la commande bimanuelle ; et c) de l'utilisation prévue de la machine ;

- 12.58 - Les dispositifs d'arrêt d'urgence doivent : a) être choisis, assemblés et interconnectés de manière à résister aux conditions de fonctionnement prévues, ainsi qu'aux influences de l'environnement ; b) être utilisés comme mesure auxiliaire, et ne peuvent pas être une alternative aux mesures de protection adéquates ou aux systèmes de sécurité automatiques ; c) avoir des actionneurs conçus pour être facilement actionnés par l'opérateur ou par d'autres personnes qui pourraient avoir besoin de les utiliser ; d) prévaloir sur toutes les autres commandes ; e) provoquer l'arrêt de l'opération ou du processus dangereux dans le temps le plus court techniquement possible, sans causer de risques supplémentaires ; et f) être maintenus en parfait état de fonctionnement ;

- 12.95 - Les commandes des machines et des équipements doivent être conçues, construites et entretenues en respectant les aspects suivants : a) emplacement et distance afin de permettre une utilisation facile et sûre ; b) installation des commandes les plus utilisées dans les positions les plus accessibles à l'opérateur ; c) visibilité, identification et signalisation permettant de les distinguer les unes des autres ; d) installation d'éléments d'actionnement manuel ou par pédale afin de faciliter les manœuvres, en tenant compte des caractéristiques biomécaniques et anthropométriques des opérateurs ; et e) garantie de manœuvres sûres et rapides et protection afin d'éviter les mouvements involontaires ;

- 12.116 - Les machines et équipements, ainsi que les installations dans lesquelles ils se trouvent, doivent être munis d'une signalisation de sécurité destinée à avertir les travailleurs et les tiers des risques auxquels ils sont exposés, des instructions d'utilisation et d'entretien et des autres informations nécessaires pour assurer l'intégrité physique et la santé des travailleurs ;

- 12.117 - Les signaux de sécurité doivent : a) être mis en évidence dans la machine ou l'équipement ; b) être situés à un endroit bien visible ; et c) être facilement compris ;
- 12.119.1 - Les inscriptions doivent indiquer clairement le risque et la partie de la machine ou de l'équipement à laquelle elles se rapportent, et l'inscription "danger" seule ne doit pas être utilisée ;
- 12.135 - Le fonctionnement, l'entretien, l'inspection et les autres interventions sur les machines et les équipements doivent être effectués par des travailleurs qualifiés, formés ou autorisés à cet effet.

De même, selon le manuel de santé et de sécurité au travail (SENAC, 2013), la NR 17 - Ergonomie est observée :

- 17.1 - La présente norme réglementaire vise à établir les paramètres qui permettent d'adapter les conditions de travail aux caractéristiques psychophysiologiques des travailleurs, afin d'offrir un maximum de confort, de sécurité et de rendement efficace ;
- 17.1.1 - Les conditions de travail comprennent les aspects liés au levage, au transport et au déchargement des matériaux, au mobilier, aux équipements et aux conditions environnementales du poste de travail et de l'organisation du travail elle-même ;
- 17.1.2. - Pour évaluer l'adaptation des conditions de travail aux caractéristiques psychophysiologiques des travailleurs, il appartient à l'employeur de réaliser l'analyse ergonomique du travail, et celle-ci devra porter, au moins, sur les conditions de travail, telles qu'établies dans la présente norme réglementaire ;
- 17.2.2 - Levage individuel, transport et déchargement de matériaux. Il ne doit pas être exigé ou autorisé le transport manuel de charges par un

travailleur dont le poids est susceptible de compromettre sa santé ou sa sécurité.

La norme NR 26 - Signalisation de sécurité (SENAC, 2013) est respectée :

- 26.1.1 - L'objet de ce règlement est d'établir les couleurs à utiliser sur les lieux de travail pour prévenir les accidents, identifier les équipements de sécurité, délimiter les zones, identifier les tuyaux utilisés dans les industries pour le transport des liquides et des gaz et avertir des risques.
- 26.1.2 - Des couleurs de sécurité doivent être adoptées dans les établissements ou les lieux de travail afin d'indiquer et d'avertir des risques existants.
- 26.1.3 - L'utilisation de couleurs ne dispense pas de l'utilisation d'autres formes de prévention des accidents.
- 26.1.4 - L'utilisation des couleurs doit être aussi réduite que possible, afin de ne pas provoquer de distraction, de confusion et de fatigue chez le travailleur.
- 26.2 - Le corps des machines doit être peint en blanc, noir ou vert.

Les points 11.1.3.2, 12.22, 12.28, 12.95, 12.116, 12.117, 12.119, 12.135 et 26.2 peuvent être consultés de manière optimale dans les sections suivantes Figure 48, Figure 49, Figure 50 e Figure 51.

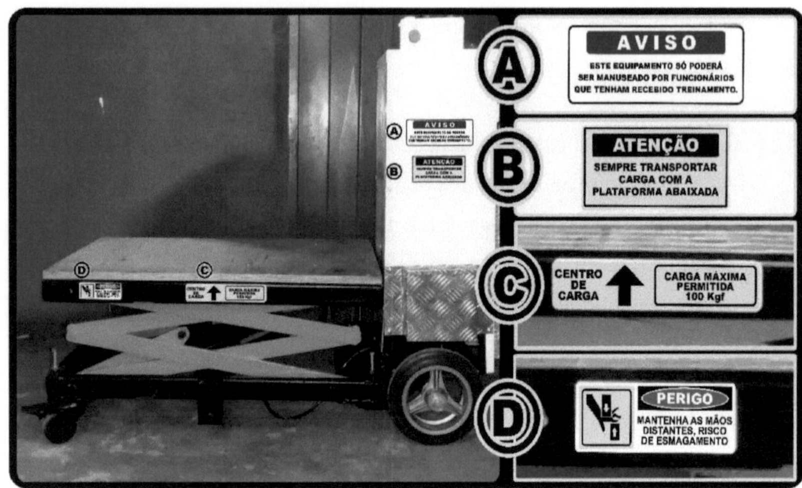

Figure 48Panneaux de sécurité et de capacité de charge.

Figure 49: Signalisation de sécurité.

Figure 50Signalisation des risques sur les composants électriques.

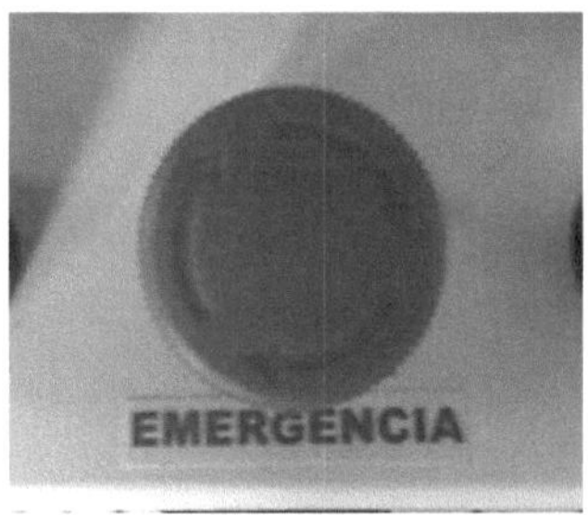

Figure 51Bouton d'urgence sur la commande.

6. RÉSULTATS

Sur le plan structurel, le prototype du véhicule de levage de charge a présenté les résultats escomptés, tant en position de levage maximale qu'en position minimale, ne présentant pas de déplacements structurels susceptibles de compromettre son utilisation.

Le système de contrôle a donné des résultats satisfaisants, et la manœuvrabilité du véhicule dans des endroits à espace réduit peut être facilement réalisée, ainsi que le levage de la plate-forme.

Le système de traction indépendante a présenté de bons résultats sur les surfaces planes et les surfaces à faibles imperfections. Sur un terrain irrégulier, il a présenté des difficultés de traction à certains moments, en raison du manque de contact de certaines roues motrices avec le sol. Cependant, le système d'entraînement a été capable de transporter la charge prévue dans les conditions de surface idéales.

Le système de levage a été capable de soulever la charge déterminée dans la conception, cependant il présente une réduction considérable de la vitesse de levage et de recul avec l'augmentation de la charge.

L'alimentation par batterie automobile a montré une performance moyenne de 30 à 45 minutes de durée, qui varie en fonction de la charge transportée.

En ce qui concerne le coût, il a été possible de fabriquer un prototype avec des mouvements automatisés pour un coût de R\$ 2200.00, en explorant la substitution d'un système hydraulique par un système mécanique pour le levage.

7. CONCLUSION

Avec l'accomplissement de ce travail, il a été possible de démontrer la faisabilité de l'élaboration d'un prototype de véhicule élévateur de charge appliqué aux espaces réduits. Comme proposition de réduction des coûts, il a été déterminé qu'il est possible de diminuer la valeur finale de la fabrication en utilisant un système de vis à moteur au lieu d'un système hydraulique automatisé, qui dans ce cas était l'utilisation d'un système commercial de vérin électrique. Il a également été déterminé qu'il est possible d'appliquer un système de traction indépendant pour les roues motrices, un fait très peu exploré commercialement. Enfin, on observe que la fonction de levage de la plate-forme associée à la traction automatisée favorise une amélioration ergonomique de l'environnement de travail, en aidant l'employé à transporter des charges, notamment dans des espaces réduits.

Comme perspectives de recherches futures dans le cadre du prototype, il y a le développement d'un système de levage au moyen d'une vis de puissance avec une capacité de charge et de vitesse plus élevée, ainsi que le développement et l'application d'un système de suspension qui permet l'utilisation du véhicule sur des surfaces irrégulières. Le développement de batteries à plus longue durée de charge et à moindre coût permettra également une plus grande autonomie du prototype.

8. RÉFÉRENCES

AUTODESK. **Force Effect, AutoDesk.** Disponible à l'adresse : <
https://forceeffect.autodesk .com/frontend/fe.html>. Consulté le : 06 août 2015.

BEER, Ferdinand Pierre ; JOHNSTON, E. Russell Jr. **Vector Mechanics for
Engineers, Dynamics.** Traduit par Antônio Carlos Souza Pinto, Airton Caldas.
Révision technique par Giorgio Eugenio Oscare Giacaglia. 3e édition, McGraw-
Hill Publisher. São Paulo, 1980.

BEER, Ferdinand Pierre ; JOHNSTON, E. Russell Jr. **Vector Mechanics for
Engineers, Statics.** Traduit par Antonio Carlos Souza Pinto, Airton Caldas.
Révision technique par Giorgio Eugenio Oscare Giacaglia. 3e édition, McGraw-
Hill Publisher. São Paulo, 1980.

BEER, Ferdinand Pierre ; JOHNSTON, E. Russell Jr. **Resistência dos
Materiais.** Traduit et révisé par Celso Pinto Morais Pereira. 3e édition, Editora
Pearson Makron Books. São Paulo, 1995.

BRÉSIL. **décret-loi n° 5.452**, du 1er mai 1943. Disponible à l'adresse suivante :
< http://www.planalto.gov.br/ccivil_03/decreto-lei/Del5452.htm>. Consulté le :
06 octobre 2015.

BMC HYUNDAY S/A, BRASIL MÁQUINAS. **Chariot élévateur à fourche
motorisé.** Osasco, 2015. Disponible à l'adresse : <http://
www.brasilmaquinas.com>. Consulté le : 31 mars 2015.

BOSCH, Robert Bosch Ltd. **Catalogue 2004/2005 Moteurs électriques :
applications industrielles**. Siège de l'Amérique latine : Campinas, 2004.
Disponible à l'adresse : <
http://www.bosch.com.br/br/negociosindustriais/produtos/peq
Porte/pg/pdf/catalo gomt.pdf>. Consulté le : 16 mai 2015.

BUFFONI,. Salete Souza de Oliveira. **Propriétés mécaniques des matériaux.**
Apostille de Résistance des Matériaux, Ecole d'Ingénierie Métallurgique
Industrielle de Volta Redonda, UFF. Disponible à l'adresse suivante : <
http://www.cartografica.ufpr.br/home/wp-
content/uploads/2015/09/Propriedades-Mecanicas-dos-Materiais.pdf>. Consulté
le : 02 novembre 2015.

CADMAQUINAS. **Produits : Treuil manuel hydraulique.** Belo Horizonte, 2015.Disponívelem:<http://www.cadmaquinas.com.br/produtosDet.asp?Detalh= 54>. Consulté le : 06 octobre 2015.

CORREIA, Franco Victor. **Orgues de machines : raccords boulonnés.** Apostille d'ingénieur des machines maritimes, Escola Náutica Infante D. Henrique, Département des machines maritimes. Portugal, 2015. Disponible sur : < http://www.enautica.pt/publico/professores/vfranco/org_maq_ligacoes_ bolted_ 2011.pdf >. Consulté le 08 octobre 2015.

ÉCO HYDRAULIQUE. **Produits : Mini centrales électriques.** Canoas, RS, 2015. Disponible sur : <http://www.ecohydraulics.com.br/mini_centrais.htm>. Consulté le : 06 octobre 2015.

BOÎTE À OUTILS D'INGÉNIERIE. **Friction et coefficients de friction.** Disponible sur : <http://www.engineeringtoolbox.com/friction-coefficients-d_778.html>. Consulté le 8 octobre 2015.

FRM. **Palier de type support.** Disponible sur le site < http://www.frm.ind.br/p200.pdf >. Consulté le 28 octobre 2015.

FRM. **Palier sphérique fixé par des boulons**. Disponible sur le site < http://www.frm.ind.br/ucy200.pdf >. Consulté le 28 octobre 2015.

GERDAU. **Catalogue des barres et profilés**. 2015. Disponible sur : <www.gerdau.com.br/produtos-catalogo-e.../5263.global.pt-BR.force.axd>. Consulté le : 03 août 2015.

HIBBELER, Russel Charles. **Résistance des matériaux**. 5ª edição. Editora Pearson. São Paulo, 2006.

LANGUI, Claudio Alberto. **Pontes Rolantes - A importância do equipamento nas áreas de produção industrial**. Monographie (MBA en gestion des affaires) - Département d'économie, de comptabilité, d'administration et de secrétariat, Université de Taubaté, Taubaté : UNITAU, 2001.

ATELIER DE MÉCANIQUE. **Produits : Table pantographique.** São Paulo, 2015. Disponible sur : < http:// busca.lojadomecanico.com.br/Busca?busca= mesa+pantográfica>. Consulté le : 06 octobre 2015.

MACHINES FRANÇAISES. **Produits : Table élévatrice hydraulique avec roulettes pivotantes.** Bento Gonçalves, MS, 2015. Disponible sur : < http://www. maquinasfranca.com.br/maquinas-franca/produtos/mesas-elevadoras/mesa-elevadora-hidraulica-com-rodizios- giratórios>. Consulté le 6 octobre 2015.

MANTOVANI, Cesar Antônio. **Méthodologie de conception des produits.** Apostille. Collège Horizontina (FAHOR). Horizontina, 2011.

MATWEB, Données sur les propriétés des matériaux. **Catégorie : Acier.** 2015. Disponible sur : <http://www.matweb.com/search/QuickText.aspx?SearchText=steel>. Consulté le 18 août 2015.

MELCONIAN, Sarkis. **Éléments de machines.** 10ª Edition. Editora Érica. São Paulo, 2012.

MELO, Nildo Aparecido. **Reestruturação Capitalista e a Base Produtiva de Presidente Prudente : Fordismo/Taylorismo e Acumulação Flexível e as Relações com a Empregabilidade dos Trabalhadores.** Geografia em Atos, n. 8, v.2, Presidente Prudente : UNESP, 2008. Disponible à l'adresse suivante : < http://revista.fct.unesp.br/index.php/geografiaematos/article/viewFile/260/melon 8v2ll>. Consulté le : 14 mars 2015.

METALARTES. **Americanca W 5/16 x 20 mm douille.** Disponible sur :< http://www.metalartes.com.br/zamac/visualizar/id/65/dep/2/cat/1/Bucha+Americ ana+5/16+x+20mm+.html>. Consulté le : 02 novembre 2015>

METALLICA. **Profil en U de la tôle pliée et rugueuse : dimensions et propriétés géométriques.** 2015. Disponible à l'adresse suivante : < http://wwwo.metalica.com.br/perfil-u-enrijecido-de-chapa-dobrada >. Consulté le : 07 septembre 2015.

MICROSOFT. **Excel, Microsoft Office.** Disponible à l'adresse : < https://products.office.com /en-br/excel>. Consulté le 17 août 2015.

MULTILASER. **Produits : Cric électrique.** Disponible à l'adresse suivante : <
http://www.multilaser.com.br/produtos/detalhe/AU604/macaco-eletrico-
au604.html>. Consulté le : 16 mai 2015.

NASSAR, Wilson Roberto. **Machines de levage et de transport.** Santos :
Université Santa Cecília, 2004.

NIOSH, Institut national pour la sécurité et la santé au travail. **Ergonomie :
équation Niosh révisée pour la conception et l'évaluation des tâches de
levage manuel.** Université du Wisconsin, Milwaukee. U.S. Dept. of Health and
Human Services (NIOSH), Cincinnati, Ohio, 1993. Disponible à l'adresse :
<http://www.cdc. gov/niosh/docs/94-110pdfs/94-110-h.pdf>. Consulté le 6
octobre 2015.

NORTON, Robert L. **Machine Design : An Integrated Approach.** Traduit par
Konstantinos Dimitriou Stavropoulos et al. 4e édition. Bookman Publisher. Porto
Alegre, 2013.

PASTORE, José. **La recette de la vie.** Revista Proteção. Novo Hamburgo :
MPF Publications, 1996.

PINTO, Wagner Adriani de Souza. **Application de la méthodologie des
facteurs humains au cas d'une petite industrie du meuble.** Dissertation de
maîtrise, UFSC, Centro Tecnológico. Programa de Pós-graduação em
Engenharia de Produção. Florianópolis, 2001.

PROVENZA, Francesco. **Projeteur de maquettes.** 71e édition. Editora
Provenza. São Paulo, 1996.

PROVENZA, Francesco ; SOUZA, Hiran Rodrigues. **Resistência dos
Materiais.** Pro-tec Editeur. São Paulo, 1986.

RUDENKO, Nikolai Feodos'evich. **Machines de levage et de transport.**
Traduction : João Plaza Rio de Janeiro : Livros técnicos e científicos, 1976.

SENAC, Service national d'apprentissage commercial. **Manual de Segurança
e Saúde no Trabalho : Normas Regulamentadoras.** 9ª Edição. Editora
Difusão, São Caetano do Sul, SP ; Editora SENAC Rio de Janeiro, Rio de
Janeiro, 2013.

SKF. **Catalogue numérique : Roulements à billes à gorge profonde, une rangée.** 2015. Disponible sur : < http://www.skf.com/br/products/bearings-units-housings/ball-bearings/deep-groove-ball-bearings/single-row-deep-groove-ball-bearings/single-row/index.html?prodid=1050070300&imperial=false >. Consulté le 7 septembre 2015.

SOLIDWORKS. **Dassault Systemes, SolidWorks.** Disponible à l'adresse suivante : < http://www.solidworks.com/>. Consulté le 26 octobre 2015.

SOMAPAR. **Produits, Somatruck.** Disponible à l'adresse : < http://www.somapar .com.br/index.php?id=produits_somatruck>. Consulté le 02 novembre 2015.

TAMASAUSKAS, Arthur. **Metodologia do Projeto Básico de Equipamento de Manejo e Transporte de Cargas - Ponte Rolante - Aplicação não siderúrgica.** Dissertação de mestrado, Escola Politécnica de São Paulo, Departamento de Engenharia Mecânica, São Paulo : POLI-USP, 2000.

THERJ, Industrie et Commerce. **Produits industriels.** Barueri : 2015. Disponible à l'adresse suivante : < http://www.therj.com.br >. Consulté le : 30 mars 2015.

TORMES, Daniele. **Développement du projet d'une voiture pour le transport de pièces manufacturées.** Monografia (Bacharel em Engenharia Mecânica) Horizontina : FAHOR, 2012.

VONDER. **Produits et accessoires.** Curitiba, 2015. Disponible à l'adresse suivante : < http:// www.vonder.com.br >. Consulté le : 30 mars 2015.

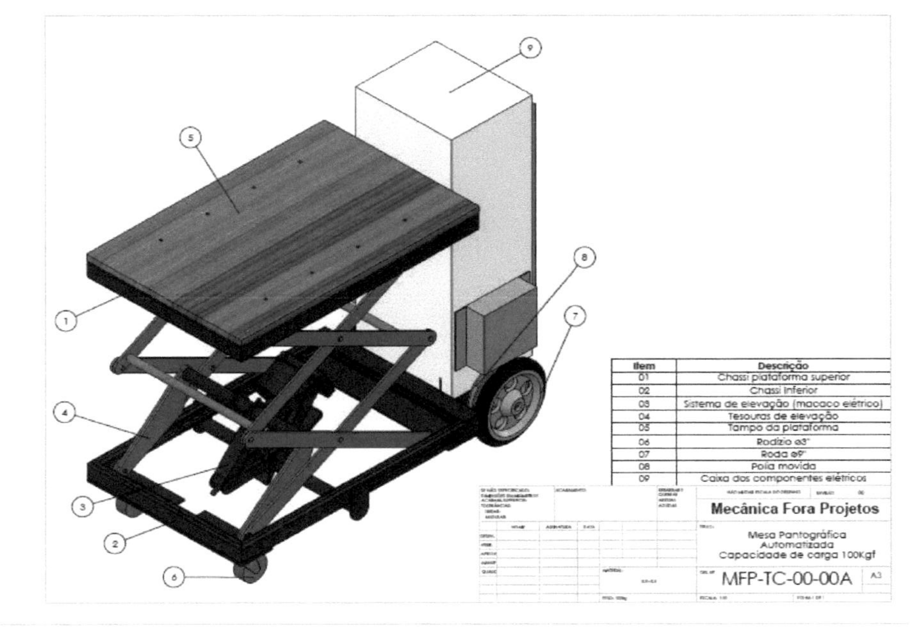

Item	Descrição
01	Chassi plataforma superior
02	Chassi inferior
03	Sistema de elevação (macaco elétrico)
04	Tesouras de elevação
05	Tampo da plataforma
06	Rodízio ø3"
07	Roda ø9"
08	Polia movida
09	Caixa dos componentes elétricos

Mecânica Fora Projetos

Mesa Pantográfica
Automatizada
Capacidade de carga 100Kgf

MFP-TC-00-00A A3

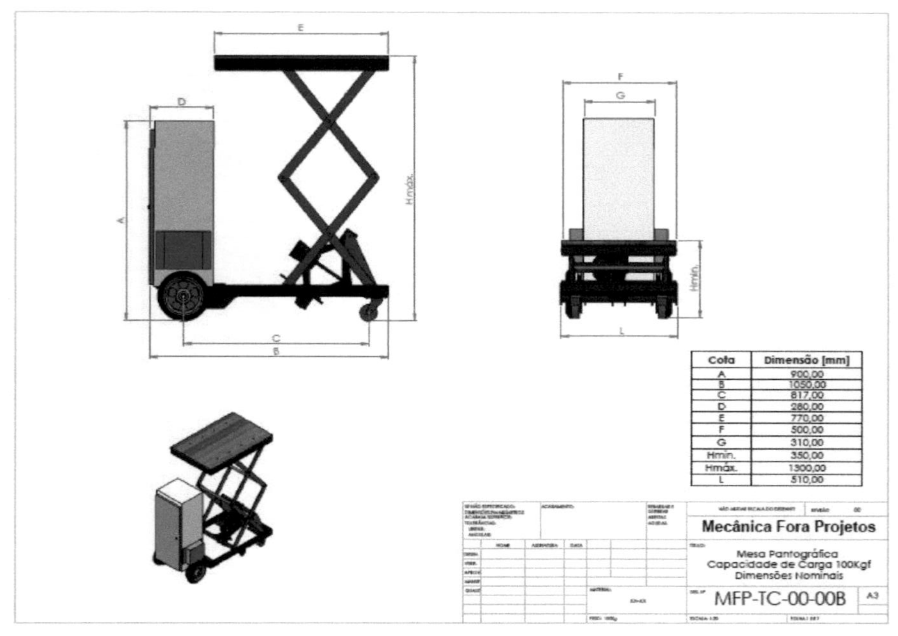

Cota	Dimensão [mm]
A	900,00
B	1050,00
C	817,00
D	280,00
E	770,00
F	500,00
G	310,00
Hmín.	350,00
Hmáx.	1300,00
L	510,00

Mecânica Fora Projetos

Mesa Pantográfica
Capacidade de Carga 100Kgf
Dimensões Nominais

MFP-TC-00-00B

A3

INSTRUCTIONS INITIALES

Les instructions suivantes doivent être respectées pour une utilisation sûre et correcte du véhicule de chargement dans les espaces confinés :

- L'opérateur de la plate-forme élévatrice doit être dûment qualifié pour le faire ;
- Les vérifications préalables à l'utilisation de la plate-forme ainsi que les consignes de sécurité doivent être respectées lors de sa manipulation.
- Avant d'utiliser la plate-forme de levage, vérifiez qu'elle est en bon état et qu'elle fonctionne correctement.

COMMANDES DE CONTRÔLE DE LA PLATE-FORME

La figure 1 montre l'image du contrôle et une description de ses fonctions :

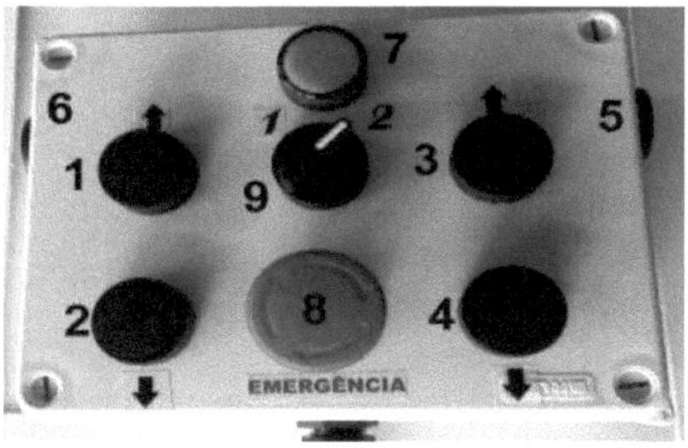

Figure 1 : Commande opérationnelle de la plate-forme motorisée

Dans l'ordre numérique, nous avons :

1 - Déplacez la roue gauche vers l'avant ;

2 - Déplacement de la roue gauche vers l'arrière

3 - Avancer la roue droite

4 - Déplacez la roue droite vers l'arrière ;

5 - Bouton latéral droit : Déplacement de la plate-forme arrière ;

6 - Bouton-poussoir de gauche : Relever la plate-forme ;

7 - Indicateur de marche/arrêt ;

8 - Bouton d'urgence ;

9 - Contrôle de la vitesse : lente et normale.

Il est possible d'utiliser les boutons avant/arrière simultanément pour manœuvrer sur l'axe lui-même, par exemple : utiliser l'avant à droite et l'arrière à gauche pour tourner dans le sens des aiguilles d'une montre.

Le véhicule sera prêt à être utilisé lorsque le voyant vert du tableau de bord sera allumé, comme le montre la figure 2.

Figure 2 : Contrôle opérationnel - Activé

Lorsque vous appuyez sur le bouton d'urgence, le témoin lumineux vert s'éteint, ce qui permet d'éviter les accidents tels que le déplacement des roues ou de la plate-forme de levage.

Après avoir résolu l'urgence, pour utiliser le véhicule, vous devez tourner le bouton dans le sens des aiguilles d'une montre et le voyant vert s'allumera pour indiquer qu'il est prêt à être utilisé.

CHARGEUR DE BATTERIE, BATTERIE, MOTEURS ET COURROIE.

La batterie est de type automobile 12 V et 60 A/h. Le chargeur et la batterie sont situés dans le compartiment arrière du véhicule, comme le montre la figure 3. Le chargeur est réglé sur 127 V, et sa tension de fonctionnement peut être

modifiée à l'aide de l'interrupteur situé à l'arrière du chargeur, comme le montre
la figure 4.

Figure 3 : Composants électriques

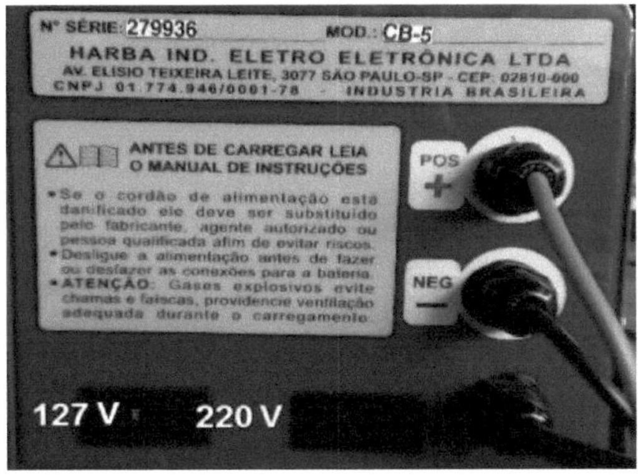

Figure 4 : Modification de la tension du chargeur de batterie.

Les courroies situées sur les côtés droit et gauche (une pour chaque
moteur), sont de type A27 et peuvent être tendues (en cas de glissement) sur le
boulon du palier du moteur, indiqué par la flèche dans la Figure 5.

Figure 5 : Courroie et vis du tendeur de courroie.

HAUTEUR DE TRAVAIL ET CAPACITÉ DE CHARGE

Les principaux paramètres du véhicule sont :

- La hauteur minimale de la plate-forme (délimitée par le batteur) est de 400 mm ;
- La hauteur maximale de la plate-forme (délimitée par la fin de la course) est de 1300 mm ;
- La capacité de charge est de 100 kg.

MODE D'EMPLOI

- La charge doit être transportée avec la plate-forme partiellement ou totalement rétractée pour la sécurité de l'opérateur et pour réduire le risque de chute de l'objet à transporter ;
- Rapprochez-vous le plus possible de l'objet, parallèlement à celui-ci, afin d'éviter tout effort de la part des opérateurs/employés et d'éviter ainsi les blessures et les accidents ;
- Le véhicule convient uniquement aux surfaces planes et évite les pentes supérieures à 20 degrés ;

- Il est recommandé de garder le chargeur branché lorsque vous n'utilisez pas le véhicule afin d'être toujours sous tension.

Printed by Books on Demand GmbH, Norderstedt / Germany